220kV输变电工程

可行性研究编制要点

国网山东省电力公司经济技术研究院
山东电力工程咨询院有限公司　组编

中国电力出版社
CHINA ELECTRIC POWER PRESS

U0658013

内 容 提 要

本书内容主要涵盖了 220kV 输变电工程可行性研究涉及的工程选站、电力系统一次、电力系统二次（系统继电保护和安全自动装置、调度自动化、系统通信）及变电二次、变电一次、变电土建、线路路径选择及工程设想、技术经济分析、协议规范性、专项专题报告及图纸要求等内容，从工程实用角度出发，规范 220kV 输变电工程可行性研究报告，持续提升编制质量和效率。

本书可供输变电工程可行性研究从业人员使用和参考，尤其适合设总全面把控工程技术，也可作为输变电工程可行性研究初学者的专业指导用书。

图书在版编目（CIP）数据

220kV 输变电工程可行性研究编制要点/国网山东省电力公司经济技术研究院，山东电力工程咨询院有限公司组编. —北京：中国电力出版社，2023.7
ISBN 978-7-5198-7924-2

Ⅰ. ①2… Ⅱ. ①国…②山… Ⅲ. ①输电－电力工程－可行性研究－编制②变电所－电力工程－可行性研究－编制 Ⅳ. ①TM7②TM63

中国国家版本馆 CIP 数据核字（2023）第 112150 号

出版发行：中国电力出版社
地　　址：北京市东城区北京站西街 19 号（邮政编码 100005）
网　　址：http://www.cepp.sgcc.com.cn
责任编辑：罗　艳（010-63412315）　孟花林
责任校对：黄　蓓　郝军燕
装帧设计：张俊霞
责任印制：石　雷

印　　刷：三河市百盛印装有限公司
版　　次：2023 年 7 月第一版
印　　次：2023 年 7 月北京第一次印刷
开　　本：880 毫米×1230 毫米　32 开本
印　　张：3.625
字　　数：71 千字
印　　数：0001—1000 册
定　　价：36.00 元

版 权 专 有　侵 权 必 究

本书如有印装质量问题，我社营销中心负责退换

编　委　会

主　　任　李　磊

副 主 任　刘晓明　杨　雪　陈　博

委　　员　沙志成　曹相阳　赵　龙　金　瑶　刘　威

　　　　　臧宏志　段忠峰　宋卓彦　徐大鹏

编写成员名单

主　　编　王　艳　赵兰明　杨　斌

副 主 编　朱春萍　薄其滨　陈雷动

编写人员　张家宁　白茂金　石冰珂　杨　雪　牛远方

　　　　　魏　鑫　张　丹　王轶群　丁天池　苗文静

　　　　　刘之华　赵　娜　刘志伟　孙东磊　鲁　浩

　　　　　王羽田　李素雯　龚　祎　张凯伦　刘　阳

　　　　　李利生　王昭卿　张　宁　李文博　张　震

　　　　　郑少鹏　牟　颖　于　飞　张　浩　魏智超

　　　　　毕晓伟　胡召永　付震霄　张学斌　张　鑫

　　　　　尹书剑　孙启刚　张景嚣　张召环

前　言

　　可行性研究是基本建设程序中为项目核准提供技术依据的一个重要阶段。可行性研究工作定位是落实电网规划，研究论证项目建设必要性、可行性、经济性，确定工程重大技术原则和主要技术方案，为公司决策和项目核准立项提供技术支撑，指导后续工程建设。

　　近年来，输变电工程可行性研究工作外部环境、内部环境都面临新的形势。从电网发展外部环境上，虽然近年来政府不断简政放权，但是依法合规审批要求越来越高，生态保护管控越来越严格，规划刚性越来越强，输配电价改革也要求精准投资，同时为降低后续行政或民事法律风险，对可行性研究（简称"可研"）和项目前期工作的要求不仅没有降低（核准支持性文件取消可研评审意见），反而越来越高。

　　从内部经营管理上，作为落实规划的首个环节，可研需要统筹考虑各电压等级电网规划，根据实际选站选线情况，高效利用站址和通道资源，充分进行方案比选论证，为项目立项决策、建设方案、建设时序等提供科学依据。项目可研是公司投资决策的依据，是统筹考虑发展、建设、运行、调度等各专业需求的重要阶段，从源头上控制好造价水平，做准可研估算，是提高公司投入产出效率、推进电网高质量发展的重要手段。

推进可研和设计一体化管理，既是适应公司外部形势变化的客观需要，又是优化内部管理的必然要求，一是通过保持可研单位、设计单位的一致性，充分调动设计单位的工作积极性，设计责任自始至终、清晰明确，有利于做实做细做准可研，促进项目落实核准；二是有利于提高项目可研估算的准确性，适用国家事前核价要求；三是按照一个技术方案，推动可研向初步设计深度靠拢，尽早确定建设规模、内容、地点等技术原则和设计方案，避免发生重大变更，推动环评和水保工作准确开展；四是实现可研和初步设计两个阶段有效衔接，核准后尽早开展施工图设计和施工招标，有利于提升管理效率，推进工程建设。

作为输电网、配电网衔接的电压等级，220kV 电网一般环网运行，比 500kV 及以上输变电工程数量多，比 110kV 及以下输变电工程技术复杂，因此既要考虑为高中压配电网负荷供电，又要兼顾 220kV 坚强网架构建。为规范 220kV 输变电工程可行性研究工作，满足项目核准要求，持续提升可研工作管理水平和可研报告编制质量和效率，保证可研工作顺利开展，编写了《220kV 输变电工程可行性研究编制要点》。

本书适用于 220kV 输变电项目可研工作。本书是结合 220kV 输变电工程可研质量状况，参照相关标准，结合《电力系统设计手册》《电网规划设计手册》《电力工程电气设计手册》《电力工程高低压送电线路设计手册》等，针对工程选站、变电站电气主接线、站区及设备布置、电气计算及设备选型、停电过渡方案、系统继电保护及安全自动装置、系统调度自动化、土建地质、建筑、结构、线路导地线、电缆、绝缘配合、路径、基础、杆塔等方面，提出了实用的工作指导。

工程选站作为可研工作的重要基础工作，从内业、外业、后续工作三方面进行论述，并融合了成熟的选站工作经验，单独成章，放在第一部分，进一步理顺了可研工作开展的时序；结合设计、评审的专业设置和习惯，将变电二次内容与电力系统二次内容合编为一章，作为第三部分；针对电力系统一次部分，就本专业重点关注的必要性分析、电气计算等详细列出了必要内容、通常要求及形式，并对与其他的电力系统二次及变电二次、变电、线路、技经等专业在专业协同内容予以明确。电力系统二次及变电二次、变电站工程、输电线路、技术经济分析、安全校核分析、环境保护、水土保持、节能分析及防灾减灾等在内容深度规定和通用设计的基础上，进一步明晰了常见问题及注意事项。

本书编制的目的是为输变电工程可研管理、设计、评审和核准评估咨询工作者提供参考和借鉴，为推进电网高质量发展提供技术支持。尚有不妥之处，敬请广大读者批评指正。

编　者

2023 年 5 月

目 录

前言

第一部分　工　程　选　站

变电站工程选站大致划分为 3 个阶段，即内业工作、外业工作、选站后续工作。内业工作是指前期准备工作，即室内作业；外业工作是指现场选站时重点关注点，即室外作业；选站后续工作是指选站后的收资沟通。

1.1　内业工作

工程选站时前期准备工作是否充实，数据资料是否准确、全面，将对选站的工作效率和准确性起决定性作用，因此必须重视前期准备工作，即必须重视内业工作。内业工作阶段各专业及选站设总所做的主要工作介绍如下。

1.1.1　系统专业

准备工作需围绕三个问题开展，即站址大体在什么地方？在哪个行政、供电区域范围内？变电站规模及方案怎样？

可能的影响因素如下：

（1）电网现状：考虑到现在区域电网现状，不能由于新站的建设导致原有设施在改接、改造等过程中投资过多。

（2）在县公司、地市公司提供有关的区域内负荷发展的基础上，需明确变电站的供电范围、所属供电区域、近期及远景接线方案、变电站建设规模等。根据上述因素结合主网架规划确定站址大致位置，可突破行政区域分界，可用电网线路、变电站、铁路、高速、山川、河流为界框出可选择范围。

（3）站在全省的角度考虑新建站是否有利于后续电网发展，是否有利于分区分片供电，是否满足 $N-1$ 需求。基于上述因素，初步提出站址区域范围和系统方案及规模，要有独立见解，不盲从属地意见。

1.1.2 线路专业

线路专业负责军用地形图的借阅，采取必要的措施，尽量保证借阅到原版地形图。地形图的比例以 1:5 万、1:1 万或更大比例为宜，使用地形卫星遥测图（可选用 google earth、奥维、天地图等）。在此基础上，需完成以下几项工作：

（1）线路专业拼接军用地形图，一般要在涵盖预选站点的基础上向四周扩展 5～10km，将室内选定的站址方案位置标注在图上（图纸大小根据需要确定），并在复制的军用地形图上标记已有线路及其他可能影响变电站站址和线路路径的设施，如：

1）同等级及下一级电压线路路径、原线路导线型号、光缆形式等。

2）规划中的铁路、公路、高速路等。

3）弹药库、雷达、无线电台（多种）、打靶场、飞机场及相关的导航设施等。

4）规划区、风景区、水库及设施、文物、矿区、油田、输油及其他管道、烟花厂等。

5）广播电台、电视差转台、地埋通信电缆、基站等。

初步确认不会影响规划站址的落点，同时考虑站址周围是否开阔、出线是否方便。需要开断的线路应准备更详细的资料，同时通信光缆在图上要有所体现。

（2）变电专业需要查看周边情况，将基本信息（例如110、35kV变电站，规划的进出线方向和规模等）提供给线路专业，线路专业负责落到地形图上。

1.1.3 变电专业

（1）收集最新版的污区分布图，落实拟选站址周边的污秽等级。

（2）查看周边情况，落实周边110、35kV变电站信息，将规划的进出线方向和规模等提供给线路专业，线路专业负责落到地形图上。

（3）对于本期只上单台主变压器的220kV变电站，要给出外接站用电源引接方案。

1.1.4 地质水文专业

变电站站址应具有适宜的地质、地形条件，应避开滑坡、泥石流、塌陷区和地震断裂带等不良地质构造。应避开溶洞、采空区、明和暗的河塘、岸边冲刷区、易发生滚石的地段，尽量避免或减少破坏林木和环境自然地貌。

尤其需要注意的是，应查阅当地地震烈度、是否有断裂带，以及断裂带走向和未来活动趋势等。根据土壤性质估算地基承载力，山区还要考虑强风化、弱风化等问题。在地震多发区首先要躲避，无法躲避的则再考虑上盘还是下盘，以及是否活动等问题。

根据周边已有设施和历史数据考虑洪水位、内涝水位等。矿产文物、规划区等能标注的，均应标注在军用地形图上。

1.1.5　土建专业

（1）根据土地性质图，落实拟选站址的土地性质（土地性质信息应来源于自然资源部门，外业工作时携带）。

（2）根据线路专业拼接的地形图，了解拟选站址周围的交通状况（公路、铁路、水路状况）。

通过以上各专业工作来引导下步的现场收资。上述工作基本完成后，出发外业工作前选站设总需组织召开一次内部会议，汇总系统、线路、变电、地质水文、土建等专业资料并协调修正，选站人员应全面掌握各专业资料。工程设总或分管副总工程师根据已掌握的信息预判几个站址（图纸上），各专业可针对预选站址再做更详尽的准备，220kV 变电站一般预选 4～6 个站址，确认选站人选，商定行程和时间。

1.2　外业工作

在做好前期准备工作（内业）的基础上，到现场选站时，各专业还应根据具体情况灵活判断，及时对站址选择进行调整，选取最佳方案。若站址涉及基本农田、矿产区、经济开发区等限制因素，应及时与政府进行沟通，若无法及时完成土地利用性质调整等工作，也可以在允许的范围内适当让步并保证合理性。各专业认真做好现场记录，根据需要做好自己的本职工作，为设总提供快速、有效、真实的设计信息。

1.2.1 系统专业

在向预定目的地前进，特别是靠近预定目的地时，应密切关注周边各类设施的建设情况，包括各电压等级变电站的建设情况（出线和站址等）。判断是否与地理接线图有较大出入，是否出现颠覆性因素。选站时应注意周边各电压等级，特别是 220、110kV 和 35kV 线路走向，协助线路专业优化线路走廊，尽量减少 220kV 线路长度，减少 110kV 配出线路潮流迂回倒送现象。

1.2.2 线路专业

（1）现场踏勘周围环境，存在的各种建筑物、公路（内业工作中的 5 条内容）等标注在地形图上；室内标注不符实际的及时修正位置（勤记）。

（2）现场了解以上设施的所属单位，以便下步具体收集资料。

（3）多咨询当地居民，了解站址周围是否存在以上设施（勤问）。

（4）一定要对站址周围进行踏勘，特别注意地下埋设的设施，避免遗漏（勤跑）。

（5）了解站址的出线方向，根据规划出线规模，落实规划出线方向及出线排列，以及终端塔的位置。一定要考虑到远景出线规划，保证全部线路均能顺利出线。若存在附近是城镇规划区等制约因素，一定要取得有关部门的协议。

（6）尽量采用双回路出线；注意终端塔是否对门型架有影响，走廊宽度、终端塔位置按设计要求确定。

（7）提出合理的出线方向，避免新建线路的交叉。

（8）特别注意周围是否有机场或备用机场，确保端净空和侧净空满足要求。注意重要无线电设施的防护距离是否满足要求。

1.2.3 变电专业

（1）落实变电站的进出线方向，根据变电站建设规模，确定变电站的围墙内占地尺寸，以及站内各配电装置区的方位布局。

（2）根据变电站的出线方向及交通运输的布局，确定变电站的大门朝向。

（3）落实站址周边现状及规划情况，是否有影响变电站方案选择的因素（比如站址周边规划有化工区等，可适当选择户内的布置方案）。

（4）应综合考虑建成后运行维护难易程度，距离城镇中心过远的站址可考虑运维设施，如布点操作队等。

（5）站址定位：要落实好具体的定位标志（比如杆号、界碑、路名等）；要考虑终端塔的位置及线路走廊；落实站址周围的地形地貌，尽量避开投资大的区域（如有沟、树、坟等）。

（6）对于 500kV 变电站和本期只上单台主变压器的 220kV 变电站，要落实外接站用电源的引接方案，查看周边线路。

1.2.4 土建专业

（1）观察通往站址的交通状况（公路、桥梁、铁路、水路状况），判断其是否满足大件运输的要求。

（2）在满足系统位置、基本建设条件的前提下，站址选择应与总平面优化布置相结合，尽量避免高边坡、高挡土墙。

（3）观察拟选站址处及周围的地貌概况，提出拟选站址的土方方案，预估土方量，判断其是否合理；观察拟选站址周围的地貌概况，判断进站道路的长度、坡度是否满足要求。站区出入口的路口标高宜高于站外引接道路路面标高；否则，应有防止雨水流入站内的措施。

（4）观察站址周围是否有合适的排水点及排水方向，提出排水方案。

（5）调查当地建材的供给状况及价格，选用适合本站的建筑材料。

（6）明确拟选站址征地需要赔偿的项目。对于已有建筑物能避让则避让，落实拟选站址是否涉及拆迁和赔偿的问题，包括迁坟、苗木、迁改电力、通信线路等，充分考虑其不确定性，提出合理建议。

（7）若拟选站址区域因农作物、果树等限制，站在区域边缘外不能完全看清或确定拟选站址区域内是否有水井、大坑洞、特殊地貌等内容，应步行绕站址一周及对角线进行实地观察。

1.3 选站后续工作

在确定推荐站址和备选站址后，各专业应对资料进行进一步确认和收集，确保资料的完整和正确；记录内容要完整，留下联系人、联系方式等，以便以后联系及办理有关的协议。对站址需要迁移的建筑设施，要了解单位、规模、费用等。

确定站址后，在收资沟通时，要注意以下几点：

（1）在推荐站址和备用站址四周观察建筑物淹没情况，以获取更为直接的内涝水位数据，与当地群众尤其是年长者接触了解当地常见灾害情况等。

（2）与民间接触收资时应注意收资目的的保密性，不应向系统外人员说明勘察目的，防止出现投机行为，增加建设投资和难度。

（3）与地市公司、县公司进行资料最终确认和补充，及时消灭相关疑问点。

工程选站后系统、变电等专业编写工程选址报告中的专业内容，站址比选应全面，包括但不限于站址位置描述、土地性质及城市规划、地形地貌、交通条件、进出线条件及投资比较、水文地质、站区水文条件及排水、生活条件、土石方量、工程地质、地震烈度、地基处理、污秽等级、站址赔偿情况、文物及矿藏、邻近设施影响、对周围环境影响评估，各方面比选都应给出优先级排序或明确否定因素，最终还应给出站址推荐顺序的综合排序。此外，各专业工作还应注意以下问题。

1.3.1 线路专业

（1）根据现场踏勘和收集资料，编写站址选择报告中线路专业的内容。绘制相应的图纸，主要有"路径图""与重要通信设施相对位置图"，报告内容深度及要求按规定格式要求编写。

（2）对各种设施的防护距离及要求，按相关的规程规范要求执行。

（3）办理相关的路径协议。

1.3.2 土建专业

（1）根据设总的站址定位编写站址描述。

（2）编写工选阶段的"工程地质及水文地质勘测任务书""水文气象专业勘测任务书"。

（3）根据设总下发的站址选站报告书模板及水文、地质专业提供的"水文气象勘测报告书""岩土工程勘测报告书"，编写"站址选择报告"中土建专业的内容。

（4）绘制"站址位置图"。

1.3.3 变电设总负责的工作

（1）确定推荐站址和备选站址的站址描述。

1）站址定位确认格式：①一级方位：县城名＋方位＋距离；②二级方位：乡镇（或村）＋方位＋距离；③三级定位：主干道与道路交叉点为基点＋方位＋距离或周边线路杆塔号为基点＋方位＋距离。

2）明确建设范围，根据具体情况选取明显标志物进行确定。

（2）编写站址审查意见。整理当地自然资源与规划局（规划、国土、矿产）、水利局、交通局、文物局等部门的站址意见，发至属地公司发展部。

（3）编制勘测任务书。土建专业根据设总下发的站址描述编写勘测任务书，发至地质、水文专业，委托其编制"岩土工程勘测报告书""水文气象勘测报告书"。

（4）印发站址选择报告书。编制站址选站报告书模板，发至各专业［系统、线路、变电、土建、水文（外委）、地质（外委）、通信等专业］，各专业按要求编写，由设总汇总。

1.3.4 其他

现场选站应准备好必要的工器具：设总、专业主设人宜人手一份标识完毕的军用地形图（视情况而定），几份周边地形卫星遥测图（可选用 google earth、奥维、天地图等拼接），远景主网架规划图（根据工作需要，可以是区域的，也可以是局部的），最新主网架现状图、配电网接线图，周边的土地性质及用地规划（若有）图。

参与选站人员应携带铅笔、橡皮等绘图用具，随时记录选站相关信息。土建、线路专业可携带必要仪器，如 GPS 定位仪、测距仪、照相机、无人机等。考虑到站址附近区域可能存在地形起伏、道路不平整、需跨越小水沟、穿越树林、庄稼地等因素，选站工作相关人员现场踏勘应穿着适于上下坡、攀爬的衣服和鞋。

工程选站是一项复杂的系统性工作，需要所有涉及专业齐心协力才能完成，需要进行良好的组织。做好内业工作是完成好选站的基础，做好外业工作是优化站址、落实站址的手段，选站后续工作是最终确认站址的条件。

第二部分 电力系统一次

电力系统一次部分包括电力系统概况、工程建设必要性、系统方案、电气计算、电气主接线、主变压器选择、线路型式及导线截面选择、重点目标分级情况等内容。

2.1 电力系统概况

2.1.1 系统现况

应概述与该工程有关电网的区域范围；最新年份全社会、全网（或统调）口径的发电设备总规模、电源结构、发电量；全社会、全网（或统调）口径用电量、最高负荷及负荷特性；电网输变电设备总规模；与周边电网的送受电情况；供需形势；主网架结构、与周边电网的联系及其主要特点。

应说明该工程所在地区同一电压等级电网的变电容量、下网负荷，所接入的发电容量，该电压等级的容载比；电网运行方式，电网存在的主要问题；主要在建发输变电工程的容量、投产进度等情况。

建议系统现况相关的区域范围按地市级行政区、县区级行政区、项目所在片区三个层级分别描述，既有整体概念，又有局部分析。

2.1.2 电力需求预测

应介绍与该工程有关的国民经济发展规划、城市发展规划，给出电力（或电网）发展规划的负荷预测结果，负荷预测一般与电力电网规划水平一致，或根据最新要求调整。根据目前经济发展形势、用电增长情况及储能设施的接入情况，提出与该工程有关电网规划水平年的全社会、全网（或统调）负荷预测水平，包括相关地区（供电区或行政区）过去 5 年及规划期内逐年（应包括投产年、投产后 2 年及相关规划水平年）的电量及电力负荷，分析提出与该工程有关设计水平年及远景水平年的负荷特性。

建议明确供电范围内重大用户、大中型工业园区等大负荷增长点的信息，包括地理位置、占地面积、行业类型、规划规模及用电、分期投运情况、对供电的要求等，以支撑电力需求预测结果，并作为后续供电方案制定及配出线路规模的基础资料。

2.1.3 电源建设安排及电力电量平衡

应说明与该工程有关电网设计水平年内和远景规划期内的装机安排，列出规划期内电源名称、装机规模、装机进度和机组退役计划表。计算与项目有关地区的逐年电力、电量平衡，若该工程为大规模新能源送出工程，必要时需对新能源、储能不同出力情况（冬、夏）进行电力电量平衡计算及相关电网的调峰能力进行分析。确定与工程有关的各供电区间电力流向及同一供电区内各电压等级间交换的电力。

建议电力电量平衡、220kV 容载比的区域范围按地市级行政区、县区级行政区、项目所在片区三个层级分别进行分析，从整体到局部来说明 220kV 变压器容量与供电负荷的对比关系。

2.1.4　电网规划

应说明与该工程有关的电网规划。对工程周边电网的发展情况的描述应完整，应包括现状电网、在建未投/已核准/已评审工程、同一水平年建设的其他相关规划项目的情况。

介绍包括该工程是否已纳入省级电网规划、地市级电网规划及国土空间规划，与固化项目库、最新版规划的规模、接线方案等是否一致。

2.2　工程建设必要性

根据与该工程有关的电网规划及电力平衡结果，关键断面输电能力、电网结构说明，分析当前电网存在的问题、该工程（含电网新技术应用）建设的必要性、节能降耗的效益及其在电力系统中的地位和作用，说明该工程的合理投产时机。还应注意以下问题：

（1）应注意相关电力电量平衡与最新评审版电力电网规划的一致性。

（2）对工程周边电网的发展情况的描述应完整。应包括现状电网、在建未投/已核准/已评审工程、同一水平年建设的其他相关规划项目的情况。

（3）对新建输变电工程方案比较时，应分析现有工程改、扩建是否能满足要求，综合考虑 220kV 工程、110kV 配套工程的投资及对 110kV 电网规划、可靠性的影响，周边变电站负载率描述

13

应采用同一时刻。

（4）对网架加强工程，$N-2$ 故障不能作为必要性论证的主要依据。

（5）必要性一般从满足负荷供电需求，优化 220、110、35kV 或 10kV 网架结构，为用户、新能源或储能接入创造条件，为 110、35kV 变电站提供电源电压支撑等角度分析，应结合具体情况按各因素轻重缓急程度来排序。

2.3　系统方案

2.3.1　总体要求

根据现状网络特点、电网发展规划、负荷预测、断面输电能力、先进适用新技术应用的可能性等情况，新建输变电工程应提出两个及以上系统方案，应从电网安全、网损、工程可实施性、投资等方面开展方案技术经济比选，给出推荐意见或顺序。结合工程实际，经深入论证分析，存在较系统设计技术经济更优的方案时，可推荐该方案，但应符合电网规划的整体发展方向。

确定变电站本期、远期规模，包括主变压器规模、各电压等级出线回路数和连接点的选择，主变压器中性点接地方式的论述及建议。必要时应包含与该工程有关的上下级电压等级的电网研究。220kV 输变电新建工程，提供的地理接线图中应包括 110、35kV 电压等级，并表明乡镇层级及以上的行政边界，各变电站、电源相对位置、线路走向尽量准确。

在可研过程中始终坚持各级电网协调、可持续发展，做到网架结构灵活构建,避免多种外在因素影响下出现大范围网架调整,体现各级电网良好的承载能力和适应能力。

2.3.2　技术原则

220kV 电网考虑区域特点和负荷特性,适时在 2～3 座 500kV 变电站（4～6 台主变压器）之间形成沟通,保持各供电区域间 220kV 线路联络,既可形成分区分片供电,又能保障可靠供电,并为规划供电区解环创造条件,220kV 电网结构示意图如图 2-3-1 所示。同时,特别针对如何有效提高区域电网抵御事故能力及解决 500kV 变电站 220kV 一段母线故障后的安全供电等问题,重点加强相邻区域、相邻 500kV 变电站之间的 220kV 沟通,有效提高区域间事故支援和转供负荷的能力。

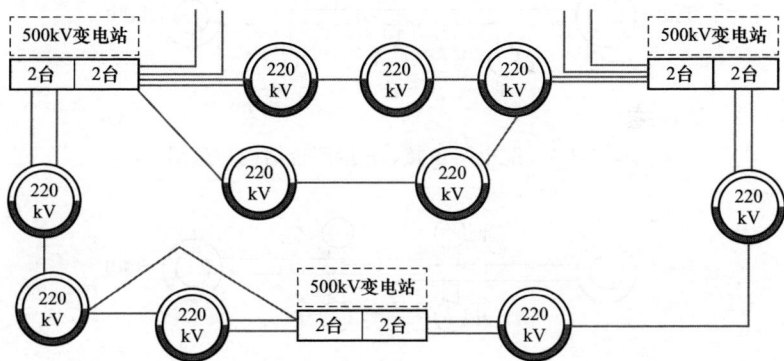

图 2-3-1　220kV 电网结构示意图

110（35）kV 电网以双侧电源单链、双链结构为目标,以 220kV 变电站为中心"一主一备"分片供电,并在相邻 220kV 变电站间通过 2～3 回 110（35）kV 线路实现故障时负荷有序转移和相互支援，配电网单链结构示意图、配电网 T 接、π 接混合结构示意图、配电网双链结构示意图如图 2-3-2～图 2-3-4 所示。10kV 及以下配电网以"功能区、网格化、单元制"规划为引领，构建"功能区-供电网格-供电单元"精细化目标网架，实现电缆环网、架空多分段适度联络全覆盖，达到网络清晰、联络有序、负荷均衡、可靠性高的构建目标。

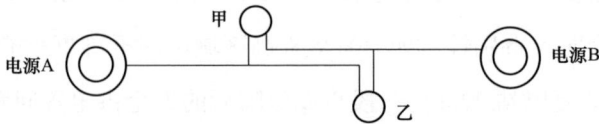

图 2-3-2　配电网单链结构示意图

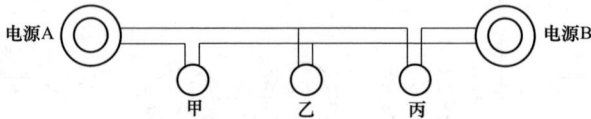

图 2-3-3　配电网 T 接、π 接混合结构示意图

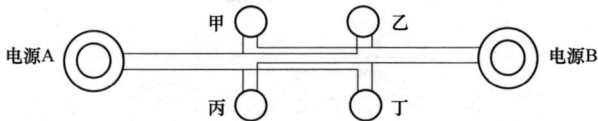

图 2-3-4　配电网双链结构示意图

2.4　电气计算

2.4.1　潮流稳定计算

根据电力系统有关规定，进行正常运行方式、故障及严重故

障的潮流稳定计算分析，校核推荐方案的潮流稳定和网络结构的合理性，必要时进行安全稳定专题计算。若该工程为大规模新能源送出工程，需对新能源不同出力情况进行电气校验。电气计算结果可为选择送电线路导线截面和变电设备的参数提供依据。

计算时应针对过渡时期进行潮流、稳定水平分析，主要是周边电网规划或在建的项目原计划在该工程前投运、实际上不能确定或不能按时投运的情况，要进行网架分析。

模型和参数：应保证所采用的模型和参数的准确性和一致性。

系统接线和运行方式：应根据计算分析的目的，针对系统运行中实际可能出现的不利情况，设定系统接线和运行方式。包括正常方式、故障后方式和特殊方式。正常方式包括计划检修方式和按照负荷曲线及季节变化出现的水电大发、火电大发、最大或最小负荷、最小开机和抽水蓄能运行工况、新能源发电最大或最小等可能出现的运行方式；故障后方式指电力系统故障消除后，在恢复到正常运行方式前所出现的短期稳态运行方式；特殊方式包括节假日运行方式，主干线路、变压器或其他系统重要元器件间、设备计划外检修和设备启动及电网主要安全稳定控制装置退出等较为严重的方式。

根据所研究的运行方式，考虑电厂的开停机计划、负荷曲线直流输电计划、网络结构、送受电计划、设备检修计划等实际情况，确定系统计算的基础潮流数据，作为潮流和稳定计算的初始边界。

结合实际负荷的需要调整开机方式，考虑实际可能出现的不利情况，安排潮流计算方式。

负荷的有功功率和无功功率应符合实际。要加强对实际负荷的分析，在计算中体现运行中可能出现的不利情况。负荷的功率因数应根据实际情况进行核实，对某些特殊类型的负荷（如整流负荷）应特别予以关注。

有功旋转备用和无功储备应满足 GB 38755—2019《电力系统安全稳定导则》的要求。宜按不大于实际负荷的一定比值（根据电网大小通常选取 2%～5%）来确定有功旋转备用，低谷方式有功旋转备用可根据实际系统情况确定。在满足旋转备用容量的基础上应少开机组，特别是不留空转机组。为考虑最严重情况，在研究送端系统输电能力时，送端系统可不考虑旋转备用；在研究受端系统失去大电源时，应计及送端系统实际可能的旋转备用。

厂用电按负荷处理，不能直接在发电出力中扣除。火电、核电机组的厂用电负荷按实际情况确定。

1. 潮流计算

潮流计算是指在接线方式、参数和运行条件确定的电力系统中计算系统稳态运行时各元件状态参数的过程。通过进行潮流计算可以求得各节点的电压、电网潮流分布及网络中各元件的电能损耗等参数。

潮流计算应基于电网模型和调度计划等数据，计算确定电网运行方式的潮流分布，并显示在潮流图中。潮流图中应标示线路潮流、主要节点电压、主要电厂出力、各分区的计算出力和负荷。对于所关注的变压器，应说明变压器的负载功率。要分析全网潮流分布情况，对重点断面潮流进行分析，并分析全网电压水平是否合理。

（1）基础运行方式应满足：

1）关键断面潮流合理，线路和变压器均不过载，并满足 $N-1$ 静态安全要求。

2）无功功率分布合理，分层分区平衡原则。

3）各枢纽点电压在正常范围内。

4）各发电厂的开机方式具有代表性且出力合适。

如果不满足上述要求，则应通过调节机组出力、投切无功补偿装置、调整负荷分布和功率因数等方法使其满足要求，并将所进行的调整作为该方式运行的必要条件提出。

（2）对于新能源占比较大的系统，由于风电、光伏发电等新能源出力存在随机性，在潮流计算中需要注意以下 3 方面内容：

1）需要考虑新能源不同出力场景下，系统常规机组的出力约束和调峰能力情况。

2）新能源大出力或满出力具有统计特性，一般风电出现在后夜（0:00～3:00），光伏发电出现在午后（13:00～14:00），因此一般风电大出力对应小负荷时段，光伏发电大出力对应次高腰或腰荷时段。

3）新能源大出力场景对系统电压水平提出了更高的要求，需要关注系统无功需求及配置情况。

（3）基础运行方式潮流校核应包括：

1）应将电网运行方式数据与设备限额比对进行越限检查，

包括线路电流越限、输电断面潮流越限、变压器潮流越限和母线电压越限。

2）应给出过载设备及过载程度、越限设备及其越限程度，按过载程度、越限程度对设备进行排序。

（4）静态安全校核。静态安全校核针对电网运行方式数据进行静态安全分析计算，分析 $N-1$ 故障和指定故障集下的设备过载和越限情况。

一般采用 $N-1$ 开断计算方法，在基础潮流方式下，无故障逐个断开线路、变压器等单一元件或直流单极闭锁，分析电力系统中任一元件停运，其他元件负载率情况、各枢纽点电压水平及电网的薄弱环节。对于变电站内母线检修方式，应提供站内主接线图。必要时对直流双极闭锁故障、同杆并架线路同时故障进行分析计算，并判断其他元件是否出现越限。常用 220kV 线路允许载流量见表 2-4-1。

表 2-4-1　　　　　　常用 220kV 线路允许载流量

电压等级（kV）	线路截面（mm²）	分裂数	最大载流值（A）	35℃最大载流值（A）	最大功率（MW）	35℃最大功率（MW）
220	300	1	710	625	271	238
220	400	1	800	704	305	268
220	400	2	1600	1408	610	537
220	630	1	1187	1045	452	398
220	630	2	2374	2089	905	796
220	800	1	1304	1148	497	437
220	1400	1	1892	1665	721	634

续表

电压等级 （kV）	线路截面 （mm²）	分裂数	最大载流值 （A）	35℃最大载流值 （A）	最大功率 （MW）	35℃最大功率 （MW）
220	1600（直埋）		1260	480	—	—
220	1600（空气中）		1845	703	—	—
220	2500（直埋）		1410	537	—	—
220	2500（空气中）		2305	878	—	—

注　1600、2500 为电缆。

$N-1$ 故障后设备过负荷不应超过下述标准：

1）架空线路过流超过 15%（夏季方式考虑环境温度 35℃，修正系数 0.88，冬季方式考虑环境温度 25℃，修正系数 1.0）。

2）变压器过载超过 30%。

3）保护 TA 或计量 TA 过电流超过 20%。

4）电缆电流超过额定载流量 15%。

5）现场规程对设备持续允许电流或过负荷能力若有特殊规定的，应按照现场运行规程执行。

$N-2$ 或严重故障后设备过负荷超过上述标准，需考虑装设安全自动装置或采取预防性控制措施。

（5）电能损耗。电网中由于运行方式经常变化，因此各条线路及变压器通过功率也相应发生变化，其功率损耗也随时间而变化。在分析线路或系统运行的经济性时应该根据不同功率及其相应时间逐段进行计算以求得全年的电能损失，全年电能损失表示为

$$\Delta A = \int_0^T \frac{P_t^2}{U_t^2 (\cos\varphi_t)^2} R_t \mathrm{d}t \tag{2-4-1}$$

实际计算中，一般采用最大负荷利用小时数 T_{max} 和损耗小时数 τ 来进行计算，以减少计算工作量，损耗小时数为全年电能损耗 ΔA 除以最大负荷时的功率损耗 ΔP_{max}，即

$$\tau = \Delta A / \Delta P_{max} \tag{2-4-2}$$

由式（2-4-2）可知，τ 不仅与 T_{max} 有关，还与线路、变压器等通过功率的功率因数有关。损耗小时数 τ 与最大负荷利用小时数 T_{max} 和功率因数的关系见表 2-4-2。

表 2-4-2　　　损耗小时数 τ 与最大负荷利用小时数

T_{max} 和功率因数的关系

损耗小时数（h） ＼ 功率因数 ＼ 最大负荷利用小时数（h）	0.8	0.85	0.9	0.95	1.0
2000	1500	1200	1000	800	700
2500	1700	1500	1250	1100	950
3000	2000	1800	1600	1400	1250
3500	2350	2150	2000	1800	1000
4000	2750	2600	2400	2200	2000
4500	3150	3000	2900	2700	2500
5000	3600	3500	3400	3200	3000
5500	4100	4000	3950	3750	3600
6000	4650	4600	4500	4350	4200
6500	5250	5300	5100	5000	4850
7000	5950	5900	5800	5700	5600
7500	6650	6600	6550	6500	6400
8000	7400		7250		7250

2. 稳定计算

对于涉及电源改接的工程应开展暂稳计算。稳定计算工况设置应合理，如存在稳定问题，应提出对应措施。

（1）故障类型。电网中故障主要发生在输电线路上，而线路故障分单相故障、相间故障和三相故障，其中以单相接地故障占绝大多数，以三相故障对系统的影响最为严重。根据《电力系统安全稳定运行导则》的要求，结合不同网络结构和系统特点，选择电力系统稳定计算故障类型。常见的故障类型包括交流线路的单相、三相永久故障、三相短路单相开关拒动故障、直流单极闭锁故障、直流双极闭锁故障。在计算时，应特别注意：

1）对于双回或多回线路、环网线路，应以线路的三相故障作为稳定校核的主要故障类型。对于某些特殊线路的三相短路故障需要采取稳定控制措施时，应对线路单相永久故障、三相无故障断开进行校核。线路单相永久故障、三相无故障断开导致系统稳定破坏时，一般应通过调整电网运行方式保证系统稳定，不再采取切机、切负荷等稳定控制措施。

2）同杆并架双回线路具备分相重合能力时，应考虑异名相或同名相瞬时故障和永久故障，以及重合闸作用。对于瞬时故障，在不采取切机、切负荷等稳定控制措施的条件下系统应能够保持稳定。

3）对于静态电压稳定研究，故障应选择在可能引发大量潮流转移的线路故障、受端电网重要机组停机故障及受端电网重要降压变压器故障等。

（2）故障点选取。进行稳定性校核，故障点应选在对系统稳定影响最严重的地点。线路故障应选在线路两侧变电站出口，变压器故障一般应选在高压侧或中压侧出口，发电机出口故障应选在升压变压器高压侧出口。在计算低一级电网故障对主网稳定影响时，故障点应选在低一级电网距主干线电气距离最近处。

（3）故障切除时间及重合闸时间。故障切除时间为故障起始至断路器断弧的时间，包括继电保护装置动作时间、断路器全分闸时间等。重合闸时间为从故障切除后到断路器主断口重新合上的时间，主要包括重合闸整定时间和断路器固有合闸时间。应根据系统条件、系统稳定的需要等因素确定。220kV 设备故障，按照故障时间 120ms 考虑；500kV 设备故障，按照故障时间 100ms。

（4）稳定判据。

1）静态功角稳定判据：在正常运行方式下，对不同的电力系统，按功角判据计算的静态功角稳定储备系数应为 15%～20%；在事故后运行方式和特殊运行方式下，静态储备系数不应低于 10%。

2）功角暂态稳定的判据：电网遭受每一次大扰动后，引起电力系统各机组之间相对增大，在经过第一、第二摇摆后系统不失步，可以保持稳定。在分析暂态和动态稳定计算的相对角度摇摆曲线时，遇到如下情况，应认为主系统是稳定的：

a）多机复杂系统在摇摆过程中，任何两台机组相对角度达到 200°或更大，但仍能恢复到同步衰减而逐渐稳定。

b）在系统震荡过程中，个别小机组或终端地区小电源失去稳定，而主系统和大机组不失稳，这时若自动解列失稳的小机组或终端地区小电源，仍然认为主系统是稳定的。

c）受端系统的中、小型同步调相机失去稳定，而系统中各主要机组之间不失去稳定，则应认为主系统是稳定的。对调相机则可根据失稳时调相机出口的最低电压（振荡时电压的最低值）处理。如该电压过低，调相机不易再同步，应采取解列措施；如该电压较高，则调相机可能对系统再同步成功。

动态稳定性的判据在频域解上表现为各个振荡模式的阻尼比大于零。

3）大扰动动态稳定判据：系统在受到扰动后，在动态摇摆过程中发电机相对功角、发电机有功功率和输电线路有功功率呈衰减振荡状态，电压和频率能恢复到允许的范围内，大扰动后系统动态过程的阻尼比至少应达到 0.01～0.015。

4）静态电压稳定判据：在区域最大负荷或最大断面潮流下，正常运行或检修方式的区域有功功率裕度大于 8%；故障后方式的区域有功功率裕度大于 5%。在区域最大负荷或最大断面潮流下，第一级安全稳定标准规定的故障后方式的负荷母线无功功率裕度大于 5%，且应小于正常运行或检修方式的负荷母线无功裕度。

在暂态和动态稳定计算中，必须详细考虑负荷动态特性、发电机及其励磁系统和调速系统、发电机过励磁限制特性、发电机强励磁动作特性、无功补偿装置、直流输电系统、低压减负荷等元件和控制装置的数学模型。

5）大扰动暂态电压稳定和动态电压稳定判据：电力系统受到扰动后的暂态过程中，负荷母线电压能够在 10s 以内恢复到 0.80 倍标幺值以上。

6）中长期电压稳定判据：中长期过程中负荷母线电压能够保持或恢复到 0.90 倍标幺值以上。

7）其他常用要求：

a）无扰动校核要求，仿真时间大于 60s，本区域电网内发电机最大功角差波动不超过 0.6°，500kV 及以上母线最大电压偏差不超过 0.002 倍标幺值，并最终趋于平稳仿真过程中，不应出现发电机励磁、调速越限告警，风电、光伏发电、静止无功补偿器（static var compensator，SVC）、直流等越限告警。

b）故障切除后，机组功角波动应基本平稳，阻尼比应大于 1%～1.5%。

c）故障切除后 2s 内 220kV 及以上母线电压恢复至 0.78 倍标幺值以上，10s 内 220kV 及以上母线电压恢复至 0.85 倍标幺值，中长期恢复至 0.9 倍标幺值以上。

2.4.2　短路电流计算

（1）可研阶段短路电流计算的目的主要包括：

1）选择断路器的遮断电流（遮断容量），并对今后高压断路器等设备的制造提出短路电流方面的要求，以及研究限制系统短路电流水平的措施。

2）为确定送电线路对附近通信线电磁危险的影响提供计算资料。

3）电网接线和电厂、变电站电气主接线的比选。

（2）短路电流计算应考虑以下内容：

1）应明确短路电流计算的方法、工具、原则。

2）按设备投运后远景水平年计算与该工程有关的各主要站点最大三相和单相短路电流。对短路电流问题突出的电网，应对工程投产前后系统的短路电流水平进行分析，以确定合理方案，选择新增断路器的遮断容量，校核已有断路器的适应性；对于周边采用管型母线的敞开式配电装置的厂站，要特别注意核实管型母线、支持绝缘子的短路水平是否满足要求。

3）系统短路电流应控制在合理范围。若系统短路电流水平过大应优先采取改变电网结构的措施，并针对新的电网结构进行潮流、稳定等电气计算。必要时开展限制短路电流措施专题研究，提出限制短路电流的措施和要求。

（3）短路控制思路和方法。国内外电力系统主要从电网结构、运行方式和限流设备三方面着手限制短路电流。限制短路电流主要包括以下措施：

1）提升电压等级，下一级电网分层分区运行。将原电压等级的网络分成若干区，辐射形接入更高一级的电网，大容量电厂直接接入更高一级的电网中，原有电压等级电网的短路电流将随之降低。例如，在500kV特高压交流电网发展的基础上，将220kV电网分层分区运行是限制短路电流的有效方法。

2）改变电网结构。通过改变电网结构，如变电站采用母线分段运行、开断运行线路等措施，可以增大系统阻抗，有效降低短路电流水平。该措施实施方便，但将削弱系统的电气联系，降低系统安全裕度和运行灵活性，同时有可能引起母线负荷分配不均衡。

短路水平要超前预控，在保证网架结构完整基础上，短路电流得到有效控制，为电网后续发展预留条件。坚持通过合理调整网架结构，解决短路可能超标问题，为此，新建站点接线应尽量减少现有线路的开断，多采用新建线路并适当跨越，或对已有线路进行站外短接、出串等方式，也就是必要的地方"过家门而不入"，实现"立体电网"构建。同时，在规划及可研阶段即对短路容量控制策略进行详细分析，提出解环建议方案，为运行方式制定提供参考。控制 500、220kV 变电站 220kV 及以上电压等级出线规模，防止过度集中；可研阶段即对间隔排列开展深入研究，为必要时打开双母双分接线的母线分段断路器创造条件。

3）加装变压器中性点小电抗接地。加装的中性点小电抗对于减轻三相短路故障的短路电流无效，但对于限制短路电流的零序分量有明显的效果。在变压器中性点加装小电抗施工便利、投资较小，因此在单相短路电流过大而三相短路电流相对较小的场合有效。但中性点小电抗仅对降低电网局部区域单相短路电流的作用较大。

4）采用高阻抗变压器和发电机。提高变压器、发电机阻抗会增大正常情况下发电机自身的相角差，对系统静态稳定不利；漏磁增加，故障初期过渡电阻增加，与此同时因转动惯量减小更进一步使动态稳定性下降。采用高阻抗的变压器会增加无功损耗和电压降落。因此，在选择是否采用高阻抗变压器和发电机时，需要综合考虑系统的短路电流、稳定和经济等多个方面。

5）采用串联电抗器。采用串联电抗器占地不大、投资合理，但会增加正常方式系统阻抗（即网损增加）。

6）提高断路器的遮断容量。随着短路电流水平的提升，更换高遮断断流的断路器，也不失为一种解决办法。但是提高断路器的遮断容量，设备的造价高，同时需要对相关变电设备进行改造。

2.4.3　无功补偿及系统电压计算

1.　总体要求

对设计水平年推荐方案进行无功平衡计算，研究大、小负荷运行方式下的无功平衡，确定无功补偿设备的型式、容量及安装地点，选择变压器的调压方式。当电缆出线较多时，应计及电缆出线的充电功率。

2.　注意事项

具体注意事项如下：

（1）根据项目所在区域近远期电网发展情况，校核无功平衡计算表中分层分区范围及无功需求估值的合理性。对电缆应用较多的地区，应补充电缆长度及充电功率。

（2）应开展调相调压计算，分析电容、电抗器容量配置是否合理，避免投切引起的低压侧母线电压波动。

（3）无功补偿设备的选择是否满足最新的通用设计和通用设

备要求，是否为标准物资。

（4）针对扩建主变压器工程，本期主变压器无功补偿配置应尽可能地与前期保持一致。如有特殊要求，应当说明清楚。

必要时应增加如下计算：①无功电压专题分析；②如需加装动态无功补偿装置，应对加装的必要性进行论述，并进行必要的电气计算和论证；③开展过电压计算。

应在以下方面予以关注：随着电网的持续优化发展，电网网架结构更加坚强和紧密，同时线路充电功率同比大幅增加，负荷低谷平峰时段电压偏高问题突出，主要体现在动态无功支撑日益不足，感性无功支撑调节能力已达上限，电压控制调整难度大。建议在电缆化率较高的中心城区变电站新建或者扩建工程中，每组主变压器统一规划安装低压无功补偿设备，若仍存在感性无功缺额，根据需要在其他主变压器预留位置配置低压电抗器。

海上风电、岸电接网工程等涉及海缆的工程应编制过电压及无功补偿专题报告。

2.5 电气主接线

应结合变电站接入系统方案及分期建设情况，提出系统对变电站电气主接线的要求。如系统对电气主接线有特殊要求时，需对其必要性进行论证，必要时进行相关计算。

原则上，电气主接线严格按照规程规范进行选择。与规程规范相比，若电气主接线超规模配置，一般为双母线接线高配为双母线双分段接线，可从供电可靠性和控制短路电流等方面进行论证：一是供电可靠性要求高，不允许全站停电，如涉及化工园区、钢铁企业、地铁、部队供电等用户供电；二是为控制短路电流，远景需要分段运行；三是其他特殊原因。若低配，一般为双母线双分段、双母线单分段低配为双母线单分段、双母线接线，可从电气布置和可靠性两方面进行分析：一是从电气布置上确实不具备条件；二是推荐方案可满足供电可靠性和控制短路电流需要。

对新建输变电工程、新建线路工程，应描述系统对相关变电站进出线排列的要求，包括出线预留等，做好与变电、线路专业的对接。说明预留的分段位置、备用间隔的出线方向，其中本期安装设备的预留间隔要有明确的对侧站点名称及投运时序，若在本工程投运 2～3 年后投运，则应详细论证分析本期安装设备的原因；若间隔为远期预留，尽量明确对侧站点名称，至少说明大致方位。

2.6 主变压器选择

根据分层分区电力平衡结果，结合系统潮流、工程供电范围内负荷及负荷增长情况、电源接入情况和周边电网发展情况，合理确定该工程变压器单台容量、变比、本期建设的台数和终期建设的台数。

结合远景、本期供电区域内负荷情况，远景主变压器台数一般按 3～4 台，本期 1～2 台；主变压器选型尽量考虑远景，避免更换或搬迁。若分析论证后，主变压器选型不能做到远近一致，则应从电气布置、基础设计等方面为远期预留一定条件。

位于中心城区的变电站，多为融合型变电站，应优化布局，充分利用有限空间，最大限度多规划主变压器台数、容量。优先规划 2～3 台主变压器，若分析论证后建设用地受限，可采用"一站多布"方案，即将 2～3 台主变压器分散至相应的不同供电区域布局。

2.7　线路型式及导线截面选择

根据正常运行方式和事故运行方式下的最大输送容量，考虑到电网发展，对线路型式、导线截面及线路架设方式提出要求，必要时对不同导线型式及截面、网损等进行技术经济比较。

当采用同塔架设、为其他工程线路预留出线时，需详细说明预留的 220、110kV 线路的具体去向。其中本期挂线的要有明确的对侧站点名称及投运时序，若在本工程投运 2～3 年后投运，则应详细论证分析本期挂线的原因；若不挂线、仅为远景预留，尽量明确对侧站点名称，至少说明大致方位。

采用新型导线、耐热导线的，建议编制专题论证报告。

2.8　重点目标分级情况

结合反恐相关国标、企标、通知要求等文件，220kV 输变电工程分类分级的标准如下：

（1）直接为重要用户供电的变电站与开关站、水电站、火电站、风电站、太阳能电站，属于重点目标第 9 类（发电供电）。

（2）直接为省（自治区、直辖市）级党委政府和军事机关、新闻媒体和科研机构等一级重要用户供电的变电站、开关站为Ⅱ级目标。直接为市（地、州、盟）级党委政府和军事机关、新闻媒体和科研机构等二级重要用户供电的变电站、开关站为Ⅲ级目标。

应明确重点目标分级情况及支撑依据，变电按照要求进行反恐相关设计。

第三部分　电力系统二次及变电二次

3.1　系统继电保护及安全自动装置

3.1.1　一次系统概况

应简单描述一次系统的概况、特点和稳定计算等结论。

3.1.2　现状和存在的问题

应说明与该工程有关的系统继电保护现状，涵盖配置、通道使用情况、运行动作情况、投运时间、运行年限等内容，并对存在的问题进行分析，包括该工程的接入对周边系统继电保护的影响和周边系统可能对该工程继电保护的影响。

对于扩建等工程，应详细阐明现状，设计人员需询问现场运行人员，切忌只看图纸收资，特别是年限久远的变电站，严禁出现设备超期运行的情况。

220kV 线路开断进新建站的，开断线路两侧保护使用年限不少于 6 年的，应更换为"新六统一"线路保护；使用年限少于 6 年的，新建站的线路保护应与开断线路两侧原有保护配合选型使用。

为防止装置家族性缺陷可能导致的双重化配置的两套继电保护装置同时拒动的问题，双重化配置的线路、变压器、母线、高压电抗器等保护装置应采用不同生产厂家的产品。

220kV 及以上线路保护应具备双通道接入能力；220kV 双通道线路保护所对应的四条通信通道应至少配置两条独立的通信路由，通道具备条件时，宜配置三条独立的通信路由。

保护配置应满足以上要求，若无法满足，需补充说明原因。但因运行单位原因不想更换保护装置，可尊重运行单位意见，建议提供书面盖章文件作为支撑。

3.1.3 系统继电保护及安全自动装置配置方案

分析一次系统对继电保护配置的特殊要求，论述系统继电保护配置原则。提出与该工程相关线路保护、母线保护、母联分段保护、自动重合闸、断路器失灵保护、远方跳闸保护、故障录波及网络分析系统、专用故障测距、系统安全自动装置等的配置方案。对于系统继电保护配置的论述做具体要求，具体要求如下：

（1）对于线路改接（或π接），当对侧保护需要调整时，应提出相应的保护设备配置或改造方案。应分析本站保护与对侧变电站保护的适应性。

（2）需明确各种类型保护采样、跳闸、失灵等报文传输方式。

（3）需明确采用保护测控一体化装置或保护、测控独立配置。

（4）提出故障录波及网络记录分析系统的具体配置方案。

（5）对于改、扩建工程，应提出系统继电保护与变电站自动化系统接口设计方案，说明继电保护设备通信规约要求，对于改、扩建变电站，新配置继电保护装置规约与原有保护装置不一致时，应提出解决方案。

（6）需明确故障测距配置方案，当采用双端测距时，说明其通道接口要求；根据数据采集要求，明确对互感器的接口要求。

（7）对于线路保护通道复用 2M 的描述应与通信通道描述一致，区分有无光设备和是否具备采用光接口的能力。

（8）新建站每站都需配置一台电能质量监测装置。

（9）低频低压减载装置出口的压板需采用双联硬压板。

（10）对于工程涉及的改、扩建变电站校核备用电源自动投入装置、低周低压减载、故障测距、继电保护及故障录波信息处理子站等配置方案，确保满足相关要求。

（11）对电流互感器、电压互感器、直流电源、保护光电转换接口装置等提出技术要求。

（12）当对侧为用户站、牵引站、电源等非系统内变电站时，需去函商请对侧厂站是否出资配置保护装置等二次设备，并取得相应书面回函。

3.1.4 二次设备在线监视与分析系统

变电站设置 1 套二次设备在线监视与分析系统，采集、处理、上送厂站的继电保护、安全自动装置、故障录波等二次设备的信息，并将信息接入调控云主站。

新建智能站必须配置二次设备在线监视与分析系统，替代原保护及故障信息管理系统子站的功能。

对于常规站，应充分核实保护及故障信息管理系统子站的运行状态，若运行状态不好需更换为二次设备在线监视与分析系统。

3.1.5 对通信通道的技术要求

提出保护对通信通道的技术要求，包括传输时延、带宽、接口方式等。

3.1.6 对相关专业的技术要求

（1）对通信通道的技术要求：保护对通信通道的技术要求，包括通道组织、传输时延、带宽、接口方式等。

（2）提出对电流及电压互感器、断路器、直流电源等的技术要求，当采用电子式互感器时，应论述保护对不同类型互感器的适应性及其解决方案。

（3）提出继电保护对过程层设备的配置和接口要求。

（4）描述的通信通道的通信方式应与保护通信方式相一致。

（5）220、110kV 主变压器进线及线路间隔应采用三相电压互感器，同时取消该电压等级的电压并列装置和电压切换装置，其功能由三相电压互感器实现。

3.1.7 安全稳定控制装置

简要描述与该工程有关的安全稳定控制装置现状，包括配置、通道使用情况、运行动作情况，并对存在的问题进行分析。

如必要时，以一次系统的潮流、稳定计算为基础，进行相应的补充校核计算，对系统进行稳定分析，提出是否需要配置安全稳定控制装置。如需配置安全稳定控制装置，应提出与该工程相关的初步配置要求及投资估算。确定该工程是否需要进一步开展安全稳定控制系统专题研究。

3.2 调度自动化

3.2.1 现状及存在的问题

概述与该工程相关的调度端能量管理系统、调度数据网络等的现状及存在问题。

3.2.2 远动系统

根据变电站在系统中的位置，明确变电站所属调度关系。根据调度关系及远动信息采集需求，提出远动系统配置方案，明确技术要求及远动信息采集和传输要求，包括信息传输方式、通道组织及设备配置，调度数据网接入设备、安全防护设备配置，相量测量装置配置方案及通道组织。改、扩建工程涉及上述设备改造的，需描述相关现状及改造必要性。

3.2.3 相关调度端系统

结合该工程建设需求，提出相关调度端改造完善建设方案和投资估算。

3.2.4 电能计量装置及电能量远方终端

（1）现状及存在的问题。应简要描述与该工程有关的电能量计量（费）系统现状及存在的问题。

（2）电能计量装置及电能量远方终端配置。根据各相关电网电能量计量（费）建设要求，提出该工程计费、考核关口计量点及非关口计量点设置原则，明确关口表、非关口表和电能量采集处理终端配置方案，提出电能量信息传送及通道配置要求。明确电能表接口类型，提出计量关口点对互感器的要求，当采用电子式互感器时，应论述计费关口表适应性及精度要求。当采用数字接口电能表时，提出过程层 SV 数据传输要求。

根据通用设计方案，变电站只能配置一台电能量远方终端装置。可以预留另一台电能量远方终端装置的接线和位置，第二台设备应由营销部自主购买。

3.2.5 调度数据通信网络接入设备

根据相关调度端调度数据通信网络总体方案要求，分析该工程在网络中的作用和地位，提出该工程调度数据通信网络接入设备配置要求、网络接入方案和通道配置要求。

3.2.6 二次系统安全防护

根据相关调度端和变电站二次系统安全防护要求，分析该工程各应用系统与网络信息交换、信息传输、安全隔离和安全监测的要求，提出二次系统安全防护及安全监测方案、设备配置要求及示意图，明确服务器、工作站、网关机、交换机等的网络安全监测要求。

3.3 系统通信

3.3.1 系统概况

简要说明与该工程建设方案相关的电力系统概况，包括相关电网现状及发展规划、新建（改、扩建）输变电工程建设规模、变电站接入系统概况（各电压等级出线方向及回路数）、相关站内倒间隔和线路改跨接情况等。

3.3.2 现状及存在的问题

概述与该工程相关的通信传输网络、调度/行政交换网、数据通信网、频率同步网等的现状及存在的问题，与该工程相关的已立项或在建通信项目情况等。其中，光缆现状应表述起止点、所在线路名称和电压等级、光缆类型、光缆芯数、纤芯类型、投运年限等；设备现状应表述站点名称、设备名称、设备型号、线路侧方向和容量、设备现有扩容条件等；设施现状应表述站点名称、通信设备布置区域、屏位预留情况、设备供电方式、电源系统配置和容量、配电端子预留条件等。

对于需改造光缆，应对原光缆性能及承载业务进行描述，说明退役设备情况及原因，设备情况需包括设备名称、设备型号、投运年限、运行情况等。

3.3.3 需求分析

根据各相关的电网通信规划，分析该工程在通信各网络中的地位和作用，分析各业务应用系统对通道数量和技术的要求，包括调度自动化、调度数据网、安全稳定控制装置、调度/行政交换网、数据通信网、线路保护等。

3.3.4 建设必要性

从电力通信业务需求、加强相关地区通信网络、相关电力通信规划等方面需求，简要叙述该工程建设的必要性。对于因电网智能化要求引起的工程内容，应增加其必要性的简述。对工程中所应用的新技术、新工艺、新材料内容，应增加其必要性简述。

3.3.5 系统通信方案

根据需求分析，提出该工程系统通信建设方案，包括光缆建设方案、光通信电路建设方案、组网方案等。存在多个备选方案时，应进行技术经济比较和方案推荐。具体方案描述如下：

（1）光缆建设方案。详述各条光缆依附的输电线路名称、线路电压等级、架设方式、缆路起讫点、中间起落点、站距、线路（光缆）总长度、光缆类型、光纤芯数和规格、与相关光缆连接点位置及引接方式。

提出该工程各站光缆进站引入方案，确定引入光缆型式、敷设方式、芯数。

（2）传输设备建设方案。详述该工程传输网建设和组织方案，包括设备制式、传输容量、光链路方向、保护方式、重要部件和板件配置原则等。对于已有设备扩容，应对扩容条件和扩容方案进行描述。对于有 10kV 配出的变电站，应同步考虑配网传输设备建设方案。

（3）临时过渡方案。对于线路 π 接或改接引起光缆临时中断及设备更换改造的，应对原承载业务情况进行描述，并提供相关业务临时过渡方案。

过渡方案可分为业务临时割接与光缆路由迂回两种情况。具备利用现有通信系统对业务进行临时割接条件的，应进行方案说明；对于不具备业务临时割接条件的，应通过迂回路由组织或加装临时通信设备、架设临时光缆、租用运营商通道等方式对过渡方案进行表述。

（4）涉及承载重要业务的光缆改造工程，若影响系统通信正常运行的，应提供过渡方案，并经相关部门认可。

（5）更换地线架设 OPGW 光缆应校核铁塔荷载及停电条件是否满足要求，架设 ADSS 光缆应校核是否存在三跨。

（6）线路改造涉及光缆路由调整的，应校核受影响光通信电路中继情况，需要时应提供设计方案。光通信中继距离较长时，应校核中继距离计算及保护通道传输时延计算。

（7）报告应准确描述接入层光通信设备配置及现状；根据综合数据通信网总体设计，明确变电站数据网接入设备及汇聚设备配置；确保通信电源、通信机房设计方案满足最新通用设计要求。

3.3.6　通道组织

提出推荐通信方案的通道组织。

3.3.7　光传输系统设计

对该工程所有光再生段性能进行计算，给出再生段长度计算及各中继段计算结果。

给出传输链路的传输质量计算结论，包括传输链路起止点、传输链路长度、光口和光放大器配置、功率富裕度等。

3.3.8　数据通信网

根据相关电网数据通信网络总体方案要求，分析该工程在网络中的作用和地位及各应用系统接入要求，提出该工程数据通信网络设备配置要求、网络接入方案和通道配置要求。

3.3.9　调度/行政交换网

提出变电站调度/行政电话的解决方案及相应的设备配置方案。

3.3.10 支撑系统

（1）网络管理及监控系统。提出该工程传输系统网络管理及监控系统方案。

（2）同步系统。提出该工程传输系统同步方案。

（3）通信机房、电源。提出通信机房、电源、机房动力环境监视系统等的设计原则及方案，明确电源整流模块容量配置、蓄电池容量配置、动环监控内容、蓄电池室防火隔离要求等。

3.4 变电站自动化系统

3.4.1 管理模式

根据无人值班变电站管理模式，提出变电站自动化系统总体配置要求及主要技术原则。

注意增加"四统一，四规范"的内容。

3.4.2 监测、监控范围

概述变电站自动化系统的监测、监控范围。

3.4.3 网络结构

根据一次设备选型与布置，说明站控层、间隔层、过程层网络结构，必要时进行专题论证。

3.4.4 设备配置

说明变电站自动化系统的设备配置方案，具体说明变电站自动化系统站控层设备、间隔层设备、过程层设备、网络设备等。具体包括：

（1）站控层设备。含监控主机、通信网关机、综合应用服务

43

器及网络打印机等。说明保护及故障信息管理功能的实现及上传方案，并说明网络记录分析系统的配置方案。

（2）间隔层设备。含保护、测控、计量、录波、相量测量等。

（3）过程层设备。含合并单元、智能终端等。

（4）网络设备。含站控层、间隔层网络交换机、过程层网络交换机等。

根据通用设计要求，110kV 过程层交换机应配置集中交换机。

3.4.5 功能

说明变电站自动化系统基本功能及高级应用实施方案和配置要求，根据需要，提出顺序控制功能实现方式。需要主站端系统配合实现时，应提出相应接口要求。

3.4.6 与其他设备接口

对于变电站自动化系统与其他设备的接口，应做如下说明：

（1）变电站自动化系统与一次设备状态监测系统、电能计量系统、交直流电源系统、智能辅助控制系统、全站时钟同步系统及站内其他智能装置等的接口要求形式和技术要求。

（2）当站内装设静止补偿、消弧线圈等装置时，说明其保护控制系统与变电站自动化系统的接口设计方案。

3.5 元件保护及自动装置

3.5.1 现状及存在的问题

必要时，简述与元件保护相关的一次系统概况和特点；概述与该工程有关的元件保护现状，包括配置、运行情况，改、扩建工程对存在的问题进行分析。

3.5.2　保护配置

分析一次系统对继电保护配置的要求，论述元件保护（主变压器、专用变压器、无功补偿装置等）配置方案，包括：

（1）需明确元件保护采样、跳闸、失灵等报文传输方式，需明确保护、测控、计量是否采用一体化装置。

（2）提出主变压器故障录波系统的具体配置方案，明确独立配置或与各电压等级共用装置。

（3）明确主变压器非电量保护、启动风冷、闭锁调压等功能的实现方式。

220kV 主变压器高中压侧应配置阻抗保护，低压侧应配置零序电流保护。35～110kV 新上线路保护均配置光差保护功能，且应落实通道情况，当线路为并网线、联络线或变电站有小电源接入时，光差保护须投入，其余情况通道不具备条件时可仅投入后备保护功能，并说明具体方案和保护通道情况。10kV 线路保护应集成暂态原理选线功能。

低电阻接地方式，不配置小电流接地选线装置。不接地、消弧线圈接地和消弧线圈并低电阻接地方式，应配置小电流接地选线装置。

3.5.3　自动装置

根据需要，提出高低压开关备用电源自动投入装置、站用电备用电源自动投入装置、低压无功投切等自动装置配置方案，提出低周低压减载等功能实现方式。

备用电源自动投入装置的设置要求如下：

（1）当新建站只上一台主变压器时，可不设置 110kV 侧备用电源自动投入装置，但若因运行单位原因，为减少扩建时停电需配置 110kV 备用电源自动投入装置，也可尊重运行单位意见。

（2）220kV 电压等级若设置备用电源自动投入装置需阐述必要性。

3.5.4　对相关专业的技术要求

元件保护对相关专业的技术要求，应包括：

（1）提出元件保护与变电站自动化系统接口方案，与过程层设备接口方案。

（2）提出对电流及电压互感器、合并单元、智能终端、直流电源等的技术要求，当主变压器各侧采用不同类型互感器时，应论述保护的适应性及其解决方案。

3.6　直流及交流不停电电源系统

3.6.1　直流电源系统

对于直流电源系统方案，应做如下描述：

（1）根据变电站管理模式和电网中位置及二次设备布置，说明变电站直流电源系统的电压选择、系统接线方式和配置方案。

（2）统计全站负荷，根据变电站的管理模式确定事故放电时间，计算蓄电池组容量，提出直流蓄电池组、充电设备配置方案。

（3）当变电站装设串联补偿装置或静止补偿装置时，应论述其直流电源供电方案。

3.6.2　不停电电源系统

根据站内不停电供电的二次设备需求，说明不停电电源系统接线方式、配置方案及容量选择。

3.6.3　直流变换电源系统

若通信设备采用直流变换器供电，根据站内通信等其他二次设备需求，说明直流变换电源系统接线方式、配置方案及容量选择。

3.7　其他二次系统

3.7.1　全站时钟同步系统

全站时钟同步系统设计方案包括与站内站控层、间隔层、过程层的各类设备对时接口要求、主时钟和扩展时钟屏柜的配置。当采用网络对时方案时，应论述其同步精度要求，以及对交换机的要求及具体实施方案。说明时钟同步系统设备布置方案和电源要求。

厂站端时间同步装置应具备对被授时设备的时间同步监测功能。

3.7.2　设备状态监测系统

设备状态监测系统设计应遵循 Q/GDW 534《变电站设备在线监测系统技术导则》相关规定，并做如下描述：

（1）根据变电站内设备状态监测范围、参量及配置方案，论述后台系统的功能要求及与前置 IED 装置的接口要求。

（2）说明设备状态监测系统功能、设备配置，需要时说明与远方主站的传输信息、规约、通道要求，以及对主站端的接口要求。

3.7.3 辅助控制系统

对于辅助控制系统方案，应做如下描述：

（1）辅助控制系统功能。明确辅助控制系统的整体构架及功能。辅助控制后台系统功能，应论述包括图像监视及安全警卫、火灾报警、主变压器消防、采暖通风、照明、给排水等在内的辅助控制后台系统功能，说明各子系统间联动配合方案、设备配置，说明与站内一体化监控系统的信息传输及接口要求。需要时说明与远方主站系统传输通道要求，以及对主站端接口要求。

（2）图像监视及安全警卫子系统。全站图像监视子系统设计方案，包括功能、监视范围、设备配置原则及数量。提出视频图像信号远传方案、带宽要求。说明变电站的安全警戒设计方案。

（3）火灾报警子系统。包括系统结构、探测区域、探测器及控制模块布置原则、布线要求，明确设备数量。提出火灾报警系统与其他系统的联动方案。

（4）环境监测子系统。包括系统结构、监测范围、传感器及控制器配置原则，明确设备数量。

需要注意的是，智能辅助控制系统中的摄像机采用高清摄像机。

3.7.4 光、电缆的选择

说明各安装单位的光缆、电缆配置、选型及其配套设施。对预制光/电缆，说明其使用范围及预制方式。

对于电缆型号应在设备材料表中详细计列，特别是大截面电缆的计列，便于技经核算价格。

3.7.5 电流互感器、电压互感器二次参数选择

结合变电站内不同电压等级主接线型式，根据继电保护、自动装置、测量仪表和计量装置要求，论述变电站内电流互感器、电压互感器二次参数的选择配置，包括电流互感器、电压互感器的相数配置，二次绕组数量、准确级及容量等参数的选择等，也可以图纸型式表示。

DL/T 866《电流互感器和电压互感器选择及计算规程》对保护用电流互感器的性能及类型进行了要求。GB/T 14285《继电保护和安全自动装置技术规程》对电流互感器进行了规定，保护用电流互感器的配置及二次绕组的分配应尽量避免主保护出现死区，按近后备原则配置的两套主保护应分别接入互感器的不同二次绕组。电流互感器二次绕组准确级排列顺序、极性位置应按照相关规程规范执行。

3.7.6 二次设备的接地、防雷、抗干扰

根据变电站内二次设备的布置方式，说明二次设备的接地、防雷及抗干扰措施，互感器二次回路的接地方式，二次设备等电位接地网的设计方案及设备防雷措施等，以上措施应符合相关规程规范及反措中相关要求。

3.8 二次设备模块化设计及布置

（1）根据模块化建设的总体要求及 Q/GDW 11152《智能变电

站模块化建设技术导则》的规定，对变电站的二次设备模块划分方案进行论述。

（2）结合一次设备布置型式，论述变电站二次设备模块化布置方案，包括公用二次设备室、间隔及主变压器二次设备室模块化二次设备、预制舱式二次组合设备及预制式智能控制柜等。

（3）论述预制舱式二次组合设备布置位置、所布置的设备名称、间距、通道尺寸等；应标明本期、远景、预留屏位的位置、用途及数量。

（4）根据二次系统技术方案，按站控层设备、间隔层设备、过程层设备、网络设备、其他二次设备分别论述二次设备组柜方案，应论述过程层设备包括合并单元、智能终端等智能组件布置方案。

（5）简要说明模块化二次设备屏柜的柜体基本要求。

（6）说明二次设备室及预制舱二次组合设备的抗干扰措施。

（7）简要说明预制舱组合二次设备材料的选择、"即插即用"实现方案及舱内辅助设施的设计方案及技术要求，说明采用前显示、前接线的柜体的基本要求。

（8）简要说明预制式智能控制柜材料的选择、"即插即用"实现方案及技术要求等。

3.9 电力系统二次及变电结论

对电力系统二次部分提出结论性意见及建议。对于与该工程有关的系统二次部分单项工程，投资需计入该工程，并单独列出。

对变电二次部分提出结论性意见及建议。

第四部分 变电站工程设想

4.1 变电站站址选择

应简要描述工程所在地近远期电力网络结构、变电站变电容量、各级电压出线回路数、无功补偿装置的容量、台（组）数等。改、扩建工程应分别说明工程远期、前期和本期建设规模。此外，还要满足以下条件：

（1）原则上宜提出两个或两个以上可行的站址方案。

（2）站址协议落实情况。站址原则上不应位于基本农田，需取得乡县级以上的规划、土地协议。站址红线应明确主要角点坐标，如进站道路用地不在规划红线内，需明确土地性质及租用可行性。扩建工程如需破围墙新征地，相关要求同新建工程。

（3）明确站址具体位置，说明站址用地的土地性质、站址的地形地貌及拆迁赔偿情况。从站用水源、站用电源、交通运输、邻近设施、矿产资源及历史文物压覆等方面论证站址的可行性，避免出现颠覆性因素。

（4）工程地质。提供站址工程地质报告，论述站址的地质稳定性、确定地基类型，评估地基处理方案及工程量预估。

（5）水文气象及水文地质。提供站址区域百年（或五十年）一遇洪水位或历史最高内涝水位，针对洪水淹没或内涝提出站区防洪涝及排水方案。提供水文地质、水源条件、地下水位情况，说明水源、水质、水量情况是否满足建站要求。

（6）站址地理位置图应准确反映站址的地形地貌、公路引接及测绘单位提供的场地标高数据，若场地内有农田、林地、水塘、沟渠、植被、通信设施、市政基础设施（如输气、输水线路）、民房、坟墓等，需确定必要信息（如水塘面积及深度、建筑物结构型式及建筑面积）、拆迁补偿和加固修复方案。

（7）站址方案比较。从地理位置、系统条件、出线条件、本期和远期的高中压出线工程量（不同部分）、分期建设情况、防洪涝及排水、土地用途、地形地貌（土地征用情况）、土石方工程量、工程地质、水源条件、进站道路、大件运输条件、地基处理难易程度、站用电源、拆迁赔偿情况、对通信设施影响、运行管理及职工生活条件、环境情况、施工条件等方面对各站址方案建设条件、建设投资、运行费用进行列表综合经济技术比较，选择推荐合理的站址方案。

4.2 电气主接线及主要电气设备选择

4.2.1 电气主接线

（1）电气主接线方案应与通用设计及输变电工程"两型三新一化"建设技术要求一致。说明选用的通用设计方案，不一致时应说明理由。

（2）论述电气主接线方案（包括各级电压远期、本期接线），必要时应分析论证分期建设方案过渡方式。主接线优化应提出比选方案。

（3）说明各级电压中性点接地方式。如需采用中性点经消弧线圈或小电阻接地方式的，应计算出线电容电流，论述其装设的必要性。

（4）新建 220kV 变电站 220kV 采用双母线接线时，为实现不停电扩建本期将母线一次上齐，备用间隔母线侧装设双断口隔离开关。新建 220kV 及以上电压等级双母分段接线方式的 GIS 设备，当本期进出线元件数达到 4 回及以上时，为防止母联、分段扩建时变电站长期单母线方式运行增大全停风险，投产时应将母联及分段间隔相关一、二次设备全部投运。220、110kV 配电装置扩建端设置可拆卸导体，避免扩建耐压试验时停电。

（5）不涉及线圈改动、运行状态良好的主变压器，可考虑搬迁调剂，评审时应关注返厂更换部件的合理性，非易损件更换（如套管更换、散热器风冷改自冷等），需提供相应需求支撑材料，应与技经评审专业密切配合，合理控制相关可研估算费用。

（6）220kV 主变压器正常分列运行，一般不并列运行或短时并列运行，故阻抗、变比偏差可较长期并列运行标准适当放宽。应关注可研报告相关部分计算，如阻抗偏差对主变压器利用效率的影响、计算变比偏差造成的环流等，并确认是否满足主变压器制造厂要求。

4.2.2 短路电流计算及主要设备选择

（1）说明短路电流计算的依据和条件，并列出短路电流计算结果。

（2）说明导体和主要电气设备的选择原则和依据，包括系统条件、变电站自然条件、环境状况、污秽等级、地震烈度等。

（3）说明通用设备的应用情况，未采用时应说明理由。

（4）说明导体和主要电气设备的选择结果（包括选型及主要技术规范，主要电气设备及导体选择结果表、主要技术规范同时标注在电气主接线图中）。改、扩建工程应校验原设备参数，应取得变电站现状设备情况的切实一手资料。大容量变压器的选型应结合变电站所在地区大件运输条件加以说明。

（5）结合工程实际情况，提出新技术、新设备、新材料的应用。因地制宜推广采用节能降耗、节约环保的新产品。

（6）对同塔双回、混压四回新建线路，应提供感应电压电流计算结果，校核接地开关选型是否满足相应同杆架设线路的感应电压和感应电流计算结果要求。对改、扩建工程及线路 π 接工程，应关注现有线路侧接地开关切分能力、现有电流互感器稳态性能复核校验情况。

（7）对于扩建变压器、间隔设备工程，需注意与已有工程的协调，校核现有电气设备及相关部分的适应性，以及有无改造搬迁工程量。应针对断路器、隔离开关等设备进行额定电流、短路开断等参数的校核，对管母线及其支柱绝缘子进行力学校验。

4.3 电气布置

4.3.1 电气总平面布置及配电装置

（1）说明各级电压出线走廊规划、站区自然环境因素等对电气总布置的影响。

（2）新建变电站应提供 2 个以上的全站电气总平面布置方案，说明电气总平面布置方案。电气总平面方案设计应与通用设计及输变电工程"两型三新一化"建设技术要求一致，说明选用的通用设计方案及适应性依据，未采用通用设计时应说明理由。

（3）各级电压配电装置应满足安全距离、运维检修、运输等要求，设备布置应紧凑，并满足消防、通风、排水等要求。

（4）说明各级电压配电装置型式选择、间隔配置及远近期结合的合理性。间隔排列、出线方向尽量减少线路交叉，且有利于远景扩建。

（5）根据变电站所在地区地震烈度要求，说明电气设备的抗震措施。

（6）对扩建工程，若跨线更换为大截面，应校核原有架构能否满足要求。

4.3.2　过电压保护与绝缘配合

（1）论述各级电压电气设备的绝缘配合，说明避雷器选型及其配置情况，必要时专题论述。

（2）说明电气设备外绝缘的爬电比距和绝缘子串的型式、片数选择。

4.3.3　站用电及照明

（1）说明站用工作/备用电源的引接及站用电接线方案，必要时进行可靠性论述。注意本期为单主变压器的 220kV 变电站，其站外电源原则上应引自非本站主变压器供电的专用线路。当专线方案技术经济性确实不合理时,可考虑利用本站低压侧联络线(对侧为非本站供电电源)引接,在可研报告中相应章节分析论述。

(2)说明站用负荷计算及站用变压器选择结果。

(3)简要说明站用配电装置的布置及设备选型。

(4)说明工作照明、应急照明、检修电源和消防电源等的供电方式,并说明主要场所的照明及其控制方式。当选用清洁能源作为照明电源时,应说明供电方式,论证其必要性及经济技术合理性。

4.3.4 防雷接地

(1)说明变电站的防直击雷保护方式。

(2)提供变电站土壤电阻率和腐蚀性情况,说明接地材料选择、使用年限、接地装置设计技术原则及接触电位差和跨步电位差计算结果,说明需要采取的降阻、防腐、隔离措施方案及其方案间的技术经济比较。高土壤电阻率地区宜进行专题论证。说明二次设备的接地要求。

(3)改、扩建工程应对原有地网进行校验。

4.3.5 其他

不涉及线圈改动、运行状态良好的主变压器,可考虑搬迁调剂,应关注返厂更换部件的合理性,非易损件更换(如套管更换、散热器风冷改自冷等),需提供相应需求支撑材料,应与技经专业密切配合,合理控制相关可研估算费用。

220kV 主变压器正常分列运行,一般不并列运行或短时并列运行,故阻抗、变比偏差可较长期并列运行标准适当放宽。应关注可研报告相关部分计算，如阻抗偏差对主变压器利用效率的影响、计算变比偏差造成的环流等，并确认是否满足主变压器制造厂要求。

4.4 站区总体规划和总布置

4.4.1 站区总体规划

站区总体规划图中应标出站址位置、已有设施、各级电压等级的进出线方向、进站道路、站区用地范围等，列出主要技术经济指标表（包含预估站区围墙内占地面积、本工程总征地面积、总建筑面积及进站道路长度等）。站区总体规划方案应包括：

（1）说明站区总体规划的特点，站区与当地城镇规划的协调，利用就近的生活、交通、给排水、防洪等设施和最终规模的统筹规划。说明进站道路及引接、交通、各级电压线路出线方向、进出线条件、站区供水方式、站外给水管道引接点及管道路径和距离、站区排水的接纳地点及管线走向和距离、总平面布局、环境保护、分期征地和分期建设等方面的规划。征集工程建设单位与当地有关部门的合理意见、建议，提出拟建乡村路、沟渠等方面的规划方案及涉及的工程量。

（2）站区总体规划的特点，全站建构筑物、地下管沟、道路的规划。总平面布置与竖向布置应利用地形条件因地制宜，尽可能避开不良地质构造，节约用地。说明主要建筑物的朝向、远近期结合方案。

（3）当站址条件发生较大变化时，应说明原因并提供设计依据。

（4）说明地形图所采用的坐标、高程系统。预估站区围墙内占地面积、进站道路面积、其他用地面积（包括边坡、挡墙）及工程总征地面积。

变电站站址用地原则上不允许计列任何形式的代征地。

4.4.2　总平面及竖向布置

1．总平面布置

对于站区总平面布置方案，做如下要求：

（1）站区总平面布置方案要贯彻执行"两型三新一化"变电站建设设计导则的原则，根据工艺专业布置需求，结合站址地形与地质条件、地下管线走廊、日照、交通及环境保护、绿化等要求，布置站区等建构筑物。针对建站条件，可提出两个及以上的总平面布置方案，进行技术经济比较，并提出推荐方案。

（2）说明变电站功能分区原则及远近期结合的意图、一次或分期征地的考虑。

（3）说明站内主要生产建筑物的布置、方位选择与各级配电装置的空间组织，以及其与四周环境的协调及和电缆沟、管线、交通联系。

（4）说明各级配电装置及主变压器的布置方位（说明其布置位于站区挖填方的地段、出线方向、扩建条件及检修要求）。

（5）说明变电站主入口位置选择及处理、进站道路的长度及引入方向。

（6）附属建筑物、大门及围墙、供排水等建构筑物的布置方案选定（包括对分期建设的安排）。

（7）说明大门及围墙结构选型及材料选择。

（8）简述防火间距和消防通道的设置。

（9）说明站区总平面布置采用的节约集约用地措施。

（10）说明站区管沟布置的主要设计原则，简述管沟选型、截面尺寸及地下管线的布置方案。说明特殊地质条件（湿陷性黄土、膨胀土、冻土等）、深填方及阶梯布置等情况下的管沟布置有关措施。

（11）说明站外道路的路径规划、引接方案、道路结构型式、路面宽度、转弯半径、设计坡度及道路技术等级标准等，站内道路的布置原则（道路结构型式的选择和路面宽度、转弯半径、坡度及路面等级的确定），以及站区场地及室外配电装置场地地面的处理。变电站大门及道路设置应有满足主变压器、大型装配式预制件、预制舱式二次组合设备等整体运输要求的论述。

2. 竖向布置

对于站区竖向布置，应说明：

（1）竖向设计的依据（如自然地形、洪涝水位、山洪流量、土方平衡、道路引接和管道的标高、排水条件等情况），以及站区防洪、防涝、排洪措施。

（2）采用的竖向布置型式（平坡式、阶梯式），站内主要生产建筑室内地坪和各配电装置场地的设计标高、场地设计坡度的确定等，必要时进行专题论证。

（3）根据需要注明土方工程量，取土或弃土方案的选定（包括取弃点的位置和距离）。

（4）说明站区的边坡（挡土墙、护坡）设计方案和工程量，必要时进行专题论证。

（5）场地地表雨水的排放方式（散排、明沟或暗管）等；应阐述其排放地点的地形与高程等情况。

对需要高边坡支护、深基坑开挖、大体量土石方爆破等对岩土工程要求严格的技术方案，需增加专题论证。

4.5　变电站用地分析

220kV 变电站工程应分析工程本期和远期规模用地面积的合理性。原则上围墙内面积不超用地建设标准和通用设计指标，否则提供原因说明并提前开展节地评价相关工作。

4.6　建筑及结构

4.6.1　建筑规模及设想

说明建筑设计原则，说明主要建筑物的建筑风格功能布局、建筑规模。提供全站建筑物一览表，应包括本期和远期各建筑物的名称、设计使用年限、火灾危险性分类和耐火等级、建筑面积、建筑层数和建筑高度。说明本期和远期全站总建筑面积。

装配式建筑应符合模块化建设要求，统一建设标准、统一建筑模数。选择围护材料，说明装配式建筑内外墙墙体材料。明确建筑室内外装修标准，如楼地面、内外墙面、顶棚（含吊顶）、屋面防水等级和材料的选择及做法、门窗选型等。

4.6.2 结构设想

1. 地质条件

相应的岩土工程初勘报告、工程水文气象报告及其主要内容，包括工程地质和水文地质概况、站址地震影响主要动参数、建筑场地类别、地基土液化的评价等；地基土冻胀性和融陷情况，着重对场地的特殊地质条件分别予以说明。

2. 主要结构方案

建筑结构的安全等级、设计使用年限、环境类别和耐久性要求，抗震设防类别、抗震设防烈度和抗震措施设防烈度；生产建筑上部结构体系选型，房屋伸缩缝、沉降缝和防震缝的设置；地下结构选型、防水等级和防水措施，钢结构的防腐、防火处理，为满足特殊使用要求所做的结构处理。

构（支）架的结构设计安全等级、设计使用年限、抗震设防类别、抗震设防烈度和抗震措施设防烈度。构架结构选型及布置方案，构架梁、柱断面的确定及节点型式，设备支架结构选型，钢结构构（支）架的防腐处理措施。防火墙的结构型式。

3. 地基与基础方案设想

（1）说明地基基础设计等级，地基处理方案选型及基础结构型式、基础埋深、地基持力层名称。如遇软弱地基和特殊地基时，宜进行地基处理方案的经济技术比较，必要时应进行专题论证。若采空区还需提供"采空区场地稳定性评价报告"并论证方案的可行性。当采用桩基或其他复合地基时，应说明桩的类型、桩端持力层名称及其进入持力层的深度、下卧层条件。可按站区的主要建构筑物地基处理和其他（一般、次要）建构筑物地基处理分类进行论述。

（2）根据地下水或地下土质的腐蚀等级，说明基础相应采用的防腐措施。说明应用通用设备土建接口情况。

（3）深基坑开挖应根据地质条件、地下水位等情况，提出基坑支护型式、施工降水方案及工程量估算。

（4）特殊要求及其他需要说明的内容。

4.7 给排水系统

应说明变电站供、排水的设想和设计原则。由自来水管网供水时，应说明供水干管的方位、接管管径、能提供的水量与水压。当建自备水源时，应说明水源的水质、水文及供水能力，取水方式及净化处理工艺和设备选型等。

当排入城市管道或其他外部明沟时应说明管道、明沟的大小、坡向，排入点的标高、位置或检查井编号。当排入水体（江、河、湖、海等）时，还应说明对排放的要求。

为确保排水方案的可行性，宜取得排放地点的排水协议。

4.8 采暖、通风和空气调节系统

应说明站区采暖、通风和空气调节系统的设想和设计原则。说明采暖加热设计及主要设备的性能参数、供暖热媒参数；有事故排风要求或降温通风要求的电气设备间，应说明其通风方式、通风风量确定原则、设备选型及参数、室内气流组织形式、通风和降温设备的运行方式。

对于容易产生易燃易爆或有害气体的房间（如蓄电池室、采用 SF$_6$ 断路器的 GIS 室），应说明通风量计算原则、通风方式、设备选型、防腐、防爆措施等。

4.9　火灾探测报警与消防系统

4.9.1　消防设计原则

简述变电站消防设计原则。

4.9.2　消防措施

简要描述站内消防措施，包括总平面布置方案、交通组织、建筑、水工、主变压器、电缆防火措施及建筑火灾报警系统方面。

明确主变压器固定式灭火方式选择，消防用水量与水压，消防水源、贮水池及消防水泵的选择。明确消防设备的自控、连锁、联动或信号上传等。

新扩主变压器的消防应优先采用水喷雾灭火系统（含高压细水喷雾系统），同时消防设施公用部分（站用变压器容量、消防水泵功率、消防水池容积、消防泵房面积等）应预留所有主变压器消防采用水喷雾灭火系统（含高压细水喷雾系统）的可能性。

4.10　其他

对于全（半）地下变电站等特殊工程，应针对辅助系统、施工工序、基础及结构型式、基坑支护、降水等方面重点开展研究工作，提出可行方案。

4.11　大件运输部分

大件运输路线应满足主要设备的运输要求，并尽量减少对现有交通的损坏及维修。若需采取桥涵加固、道路加固、修筑便道等情况，应提供有关单位书面意见，并专项说明实施方案及费用预估。

4.12　计算项目及深度要求

计算书不列入设计文件，一般只引述计算条件和计算结果，但必须存档妥善保存，以备查用。

（1）短路电流计算及主要设备选择。说明短路电流计算的依据和条件（包括计算接线、运行方式及系统容量等），列出短路电流计算结果，对导体和电器的动稳定、热稳定及电器的开断电流进行选择计算和校验。本项计算的成品应包括短路电流计算阻抗图、短路电流计算结果表、主要电气设备选择结果表。

（2）站用电负荷统计及站用变压器选择。应进行站用电负荷统计和计算，并编制负荷计算及站用变压器容量选择表。应计算在正常运行方式下站用母线的电压波动范围，以选择站用变压器调压分接开关。

（3）导体的电气及力学计算（工程需要时进行）。应进行导体的电气及力学计算。应符合现行的规程规定的要求。

（4）配电装置的电气校核计算（工程需要时进行）。根据工程具体情况，对配电装置间隔宽度、构架的高度、宽度、母线最大弧垂及各种状态的电气净距进行校验。

（5）变压器中、低压侧接地电容电流计算。应进行主变压器低压侧接地电流计算，由于负荷的不确定性计算困难时，可提供估算值及估算依据。根据计算结果，选择消弧线圈容量或接地电阻阻值。

（6）接地计算。应计算接地电阻、接地装置截面积、接触电位差、跨步电位差，并说明需采取的保护措施。

（7）防雷计算。计算结果列入防直击雷保护范围图。

（8）管母力学和接地点计算（工程需要时进行）。管母力学计算应校验管母应力、挠度。当采用支撑式管母时，应校验支柱绝缘子抗弯负荷。当采用悬吊式管母时，应校验管母位移及构架受力。根据管母感应电压计算，明确母线接地器的布置位置。

（9）各方案的技术经济比较计算。视方案比较需要进行。一般宜对技术和经济做综合性比较，并列表表示。对重大方案的技术经济比较，应做到概算深度。

第五部分 输电线路路径选择及工程设想

5.1 系统概况

说明近期电力网络结构，明确该线路在电网中的地位，说明线路起讫点及中间落点的位置、输电容量、电压等级、回路数、导线截面及是否需要预留其他线路通道等。根据电网规划，线路路径要兼顾远期落点。

说明变电站进出线位置、方向、与已建和拟建线路的相互关系。根据需要，论述近远期过渡方案。

5.2 线路路径方案

线路路径方案应考虑以下方面：

（1）输电线路路径选择应重点解决线路路径的可行性问题，避免出现颠覆性因素。

（2）根据室内选线、现场勘查、收集资料和协议情况，原则上宜提出两条及以上可行的线路路径，并提出推荐路径方案。受路径协议、沿线障碍等限制，局部只有一个可行的路径方案时，应有专门论述并应取得明确的协议支撑。

（3）路径复杂或拆迁量较大的工程应采用全数字摄影测量技术、机载激光雷达航测技术或高分卫星遥感等技术手段进行路径方案选择与优化。

（4）明确线路进出线位置、方向，与已有和拟建线路的相互关系，重点了解与现有线路的交叉关系。

（5）应优化线路路径，尽量减小曲折系数，提高档距利用率，控制转角数量，以路径图转角数量为基准（含独立耐张段），实际转角数量原则上不超过基准数量的 10%～20%。尽量避让环境敏感点、重覆冰区、易舞动区、山火易发区、不良地质地带和采动影响区，减少对铁路、高速公路和重要输电线路等的跨（钻）越次数。

（6）路径方案概述包括各方案所经市、县（区）名称，沿线自然条件（海拔高程、地形地貌）、水文气象条件（含河流、湖泊、水源保护区、滞洪区等水文，包括雷电活动，微气象条件）、地质条件（含矿产分布）、交通条件、城镇规划、重要设施（含军事设施）、自然保护区、环境特点和重要交叉跨越等。

（7）说明与工程相关单位收集资料和协商情况。当线路位于矿产资源区、历史文物保护区、自然保护区、风景名胜区、饮用水水源保护区、生态保护红线等敏感区域内时，应同时取得相关行业主管部门的协议。

（8）对于线路无法避开的矿区，应简述其开采方式、开采范围，以及采深、采厚比等信息，并说明对线路的影响，必要时开展线路安全性分析评价。

（9）分析各方案对电信线路和无线电台站的影响。

（10）对比选方案进行技术经济比较，说明各方案路径长度、地形比例、曲折系数、房屋拆迁量、节能降耗效益等技术条件、主要材料耗量、投资差额等，并列表比较后提出推荐方案。

（11）线路经过成片林区时，宜采用高跨方案，在重冰区、限高区等特殊地段需要砍伐时应进行经济技术比较，明确砍伐范围。高跨时应明确树木自然生长高度，跨越苗圃、经济林、公益林时应提供相关赔偿依据。

（12）应明确工程引起的拆除及利旧情况，当线路走廊清理费用较大，清理范围较集中时，应提供线路走廊清理工程量明细。走廊清理应包含以下内容：

1）拟拆迁改造的房屋情况，包括建筑物的属性、规模、结构分类。

2）拟迁移改造"三线"（电力线、通信线、广播线）的情况。

3）跨越林区长度、主要树种及其自然生长高度、树木砍伐数量等。

4）拟拆迁、压覆厂矿的类型、所属单位、规模、数量。

5）拟迁移改造道路或管线的类型、所属单位、等级、数量。

6）线路对导航台、雷达站、通信基站、地震台站等特殊障碍物的影响。

7）当走廊清理规模较大时，应提供相应专题报告或由建设方委托第三方完成的评估报告。

8）其他。

（13）当线路跨越已有线路需停电时，应提供停电过渡方案。

（14）对推荐路径方案做简要描述，说明线路所经市、县名称，沿线自然条件和环境敏感点，并说明推荐路径方案与沿线主要部门原则协议情况。其中规划、乡镇政府、国土协议为必要协议，视工程具体情况落实文物、矿业、军事、环保、交通航运（省道、国道、高速公路、铁路、民航等）、水利、海事、林业（畜牧）、通信、电力、油气管道、旅游、地震等主管部门的相关协议。

5.3　工程设想

5.3.1　推荐路径方案主要设计气象条件

根据沿线气象台站资料，结合附近已建线路的设计及运行经验，参考发布的冰区、风区、舞动等分布图，提出推荐的设计基本风速、覆冰情况。

对特殊气象区应较详细调查、论证。

5.3.2　线路导地线型式

导地线型式应包括以下内容：

（1）根据系统要求的输送容量，结合沿线地形、海拔、气象、大气腐蚀、电磁环境影响及施工运维等要求，通过综合技术经济比较，推荐导线型式。

（2）根据导地线配合、地线热稳定、系统通信等要求，推荐地线型号。地线选型满足系统通信、导地线配合和地线热稳定等要求；OPGW光缆复合地线选型还应考虑抗雷击性能。

（3）列出推荐的导地线机械电气特性，防振、防舞措施、间隔棒型式及布置方式。

5.3.3 绝缘配置

绝缘配置以污区分布图为基础，结合线路附近的污秽和发展情况，综合考虑环境污秽变化因素、海拔修正和运行经验，确定绝缘配置方案，明确绝缘子爬电比距、片数及型式。

5.3.4 线路主要杆塔和基础型式

杆塔和基础型式应包含以下内容：

（1）根据工程特点，结合通用设计，进行全线杆塔塔型规划并提出杆塔主要型式和结构方案。没有对应模块的工程，杆塔应采用通用设计原则进行规划设计。通道紧张地区宜结合路径规划要求，对窄基组合塔、钢管塔、钢管杆等方案进行综合比较分析，提出推荐意见。新设计塔型应论证其技术经济特点和使用意义，并对杆塔规划、杆塔荷载、杆塔选型等进行说明。

（2）说明沿线的地形、地质和水文情况、地震烈度、施工、运输条件，对软弱地基、膨胀土、湿陷性黄土等特殊地质条件应做详细描述。须有地质、水文专题报告支撑。结合工程特点、施工条件和沿线主要地质情况，提出推荐的主要基础型式、基础结构尺寸、基础材料种类及强度等级。对于沿海等腐蚀地区，应校核基础防腐措施。

（3）在山区等复杂地形，提出采用全方位铁塔长短腿、高低基础等设计技术、原状土基础等的技术方案，以减少土方开挖、保护植被。校核护坡、挡土墙和排水沟等辅助设施，必要时论述设置方案和对环境的影响。

（4）对于地形地貌和地质水文复杂地段，在搜集资料、结合现场踏勘调查的基础上，宜在沿线的不同工程地质区段布置适量的勘探工作，为选择塔基基础类型提供必要的岩土工程勘测资料。

（5）提出特殊气象区杆塔型式论证和不良地质条件的基础型式论证专题。

（6）利用原有杆塔换线，应对原杆塔进行校验，并提供塔头间隙圆图。

5.3.5 工程指标分析

应统计主要技术经济指标，结合工程特点进行工程量指标及投资造价分析。

5.4 大跨越选点及工程设想

5.4.1 跨越点位置和跨越方式

1. 基本规定

（1）跨越位置选择应重点解决跨越位置的可行性问题，避免出现颠覆性因素。

（2）应描述跨越点位置选择过程。

（3）结合全线路径、跨越点障碍设施、相关单位或部门协议、水文地质特点等，应提出两个及以上可比的跨越点位置方案。结合一般线路路径方案，经技术经济比较提出推荐方案。

（4）以每个跨越点位置和跨越方式为单元，进行工程技术条件、建设条件、工程投资等方面的论述比较。

2. 跨越点位置概况

应说明各方案所在市、县名称，和点位自然条件（海拔高程、地形、地质、地物、水文、规划、交通等）。

3. 工程地质条件

（1）应说明跨越点位置区域地质、区域构造和地震活动情况，确定地震基本烈度。

（2）说明跨越点位置的地形、地貌特征，地层岩性、岩土结构、成因类型及分布，确定地基类型。

（3）了解跨越点位置及附近地区的不良地质现象，并对其危害程度和发展趋势作出判断，提出防治措施的建议。

4. 工程水文条件及防洪影响评价情况

应说明河道河床条件、岸线稳定情况、设计水位及堤防情况，对防洪影响情况作出初步判断，提出防治措施的建议或结论意见。

5. 跨越形式

根据地形、地质、通航、施工和运行条件等确定跨越方式、档距、塔高，并根据系统规划确定回路数及投资估算。

6. 影响分析

应分析各方案对电信线路和无线电台站的影响，分析各方案林木砍伐和拆迁简要情况及环境保护初步分析。

7. 航空要求

各跨越方案应满足机场或导航台等设施的相关规定和技术标准，并描述跨越塔采取的航空警示方案。

5.4.2 推荐方案描述

结合路径方案，说明各方案技术条件、主要材料耗量、投资差额等，并列表进行比较后提出推荐方案，论述推荐理由，描述推荐方案；应说明推荐跨越点位置方案与沿线主要部门原则协议情况。

5.4.3 工程设想

1. 推荐路径方案主要设计气象条件

根据沿线气象台站资料，结合一般线路段气象条件结论及附近已建线路的设计及运行经验，提出推荐的设计基本风速、覆冰情况。

2. 导地线型式

导地线型式应包括以下内容：

（1）结合一般段线路导线选型意见，综合考虑主跨档距、输送容量、气象条件、电磁环境、导线制造能力、年费用情况及运行经验等因素进行技术经济比较，推荐导线型式。

（2）根据导地线配合、地线热稳定、系统通信等要求，推荐地线型号。

（3）列出推荐的导地线机械电气特性。

（4）比选提出导地线防振、防舞措施。

3. 绝缘子金具型式

比选提出绝缘子和金具型式。

4. 防雷接地

比选提出防雷、接地方案。

5. 杆塔和基础型式

（1）合理选择塔高和塔头布置。

（2）通过技术经济比较，选择确定铁塔型式及所选材质；结合工程特点和地质水文情况，提出推荐的基础型式。

（3）根据相关要求，提出推荐的航空警示方案；通过技术经济比较，选择确定登塔方案。

6. 工程指标分析

应统计主要技术经济指标，结合工程特点进行工程量指标及投资造价分析。

5.5 电缆部分

1. 电缆线路设计

随着经济社会的发展和城市升级改造的加快，城市电网建设中采用电缆及架空线入地的要求逐步增多。正确处理好地方经济发展与电网发展的关系，科学把握城市电网建设标准，可提高投资的有效性，促进电网可持续发展。电缆线路原则上应控制在走廊狭窄、架空线路难以通过的城市中心地区，以及国家批准的风景名胜区；电网工程专用的排管、沟槽等电缆通道，工程量和投资不计入输变电工程，应论述已建情况，或政府部门合理安排建设时机，结合道路工程同步建设或进行预埋的书面支撑性文件。书面支撑性文件应包含以下内容：

（1）结合廊道情况、城市发展规划等要求，明确采用电缆的必要性。

（2）对路径方案进行优化评审，校核地下管线等障碍物。对于通道清理工程量较大的工程应提供支撑性材料及协议。

（3）提出电缆截面、选型，以及相关计算依据。

（4）提出电缆长度、中间接头、终端头、避雷器、交叉互联段、各类工井等的数量。

（5）明确电缆敷设方式的选择及预留回路必要性。

（6）提出电缆支架型式，采用特殊材质的应对其必要性进行经济技术比较论述。

（7）对于需要采用支护措施的，应校核相关方案。

（8）明确主要工程量单公里指标。

（9）明确电缆线路过电压保护、接地及分段。

（10）应尽量避免架空、电缆、架空、电缆等的多次转换。

（11）要明确电缆头防爆设施、防火隔板、防火涂料。

2. 电缆工程设计

对于电缆线路工程，应明确通道性质（利旧、新建）及出资单位（电网出资、政府出资）情况。描述通道类型（隧道、电缆沟、排管等）及途经地区性质（如绿化带），说明通道涉及的大额迁改（地下管线）或者赔偿（绿化带移栽后回栽等）。对于顶管方案的顶进井、接收井位置，应提供详细的勘探资料和技术方案（含支护）。

电缆工程应尽量采取已有通道敷设，若需新建电缆通道，应注意避免大额的迁改（如迁改大直径雨污水等）、赔偿（如绿化带中明挖隧道移栽树木）、民生设施的迁改（如燃气管线、自来水管线等）。若需要迁改管线，应取得管线单位同意。

电缆工程设计要求如下：

（1）对采用电缆的必要性做充分说明，必要时提供专题论证。尽量避免同一线路工程中多次出现架空和电缆转换，当确实需要存在多处电缆时应分别说明。

（2）应给出电缆在隧道、电缆沟、排管等不同通道里、不同排列方式（一字形、品字形）的持续极限输送容量，原则上不应小于相连接的已有架空线路或规划的架空线路持续极限输送容量。

（3）详细说明电缆工程配套的通风、排水、照明、消防、在线监测等附属设施，附属设施应按照"应配尽配但不超配"的原则设计。

（4）有政府配套土建的电缆工程，工期和建设方案满足要求，并提供支持性文件。需确保政府配套应明确通风、照明、排水、电缆支架等辅助设施等投资截面，对已有电缆土建工程还应落实需修缮工程量。

第六部分　安全校核分析

6.1　系统

（1）说明设计方案按可研深度执行《电力系统安全稳定导则》《差异化规划设计导则》等相关的规程、规范、技术标准要求。

（2）说明设计方案合理构建网架结构、增强供电能力和供电可靠性的情况，明确对重要线路、变电站、敏感区域、中心城区的供电安全水平保障情况。

（3）说明设计方案落实《十八项电网重大反事故措施》《防治变电站全停十六项措施》的有关要求情况。

6.2　变电

（1）说明变电主要设备、短路电流，导体选型，电气布置、安装满足最新的规程、规范技术标准要求。

（2）说明变压器及电抗器等设备选择绝缘性能高、防火功能可靠的设备，导体选型严格按照动稳定、热稳定进行校验，设备的电气布置和安装严格按照安全净距及爬电距离进行校验，并充分考虑防火、通风及后期运维的有关要求。

（3）说明设计方案落实《十八项电网重大反事故措施》《防治

变电站全停十六项措施》的有关要求情况。

6.3 线路

（1）说明设计方案防止架空线路事故，包括以下内容：①特殊地形、极端恶劣气象、微气象条件下重要线路差异化设计；②线路对崩塌、滑坡、泥石流、岩溶塌陷、地裂缝、洪水等不良地质灾害区的避让情况，以及塔基加固等防护措施落实情况。

（2）说明设计方案防止"三跨"事故，包括对"三跨"独立耐张段、交叉角度、水平距离、垂直距离、设计基本风速、设计覆冰厚度、绝缘子金具、杆塔结构重要性系数、防舞、防盗、监测等分析情况。

（3）说明设计方案防止电缆线路损坏事故，包括以下内容：①根据线路输送容量、系统运行条件、电缆路径、敷设方式和环境等合理选择电缆和附件结构型式；②电缆线路防火设施专题设计和推荐意见；③电缆通道是否邻近热力管线、易燃易爆设施（输油、燃气管线等）和腐蚀性介质管道；④综合管廊中电力舱布置情况及安全性分析。

（4）说明设计方案落实《十八项电网重大反事故措施》《防治变电站全停十六项措施》的有关要求情况。

6.4 土建

（1）说明设计方案中抗灾能力，包括抵御洪涝、地震、风灾、冰灾、雷电等自然灾害，污染等环境灾害，泥石流、滑坡等不良地质灾害影响的能力。

（2）说明设计方案落实《十八项电网重大反事故措施》《防治变电站全停十六项措施》的有关要求情况。

（3）满足地方强制性标准条文情况。

第七部分 其他有关分析要求

根据国家政策调整和电网建设环境变化，报告应包含环境保护、水土保持、节能分析、防灾减灾等相关设计方案，应符合国家环境保护和水土保持相关法律法规要求，应包含方案的节能分析及防灾减灾分析等相关内容。

7.1 环境保护

应从现状和环境影响两方面进行环境保护分析，并提出环境保护措施及费用估算。

1. 现状分析

（1）现状分析应列表说明变电站站界外及线路边导线外两侧1km范围内生态敏感区（如自然保护区、世界文化和自然遗产地、风景名胜区、森林公园、地质公园、重要湿地、饮用水水源地等）及文物保护单位的名称、级别、主管部门、所处行政区、保护范围、与工程位置关系等情况。

（2）应列表说明变电站站界外及线路边导线外两侧200m范围内电磁和声环境敏感目标（如民房、学校、医院、办公楼、工厂等）的名称、功能、所处行政区、与工程的位置关系等情况。

2. 环境影响分析

（1）环境影响分析应分析工程建设施工期和运行期的主要环

境影响，施工期关注生态、噪声、废（污）水、扬尘、固体废物等环境影响因素，运行期关注电磁、噪声、废（污）水、固体废物、事故油等环境影响因素。

（2）对于生态影响，应重点说明工程涉及的生态敏感区情况及相应主管部门意见取得情况；对于声环境影响，应结合工程近远期规模开展变电站噪声预测计算，说明预测结果及厂界环境噪声排放达标情况。

3. 环境保护措施及费用估算

明确环境保护措施设计原则，针对施工期和运行期的主要环境影响，提出变电站和线路的环境保护措施及费用估算。

7.2　水土保持

应从现状和水土流失影响分析两方面进行水土保持分析，并提出水土保持措施。

（1）现状分析。现状分析应说明工程所在区域水土流失现状。

（2）水土流失影响分析。水土流失影响分析应分析建设可能造成的水土流失影响。

（3）水土保持措施。明确水土保持措施设计原则，结合当地地形、地貌、水文、气象、植被等条件，分别针对变电站站区、进站道路、站外施工生产生活区、供排水管线区及线路塔基区、牵张场、跨越施工区、施工道路等提出相应的水土保持措施。

7.3　节能分析

应从系统、变电、线路等专业和角度进行节能分析。

从系统角度，要对接入系统方案，变电站台数、容量及参数取值，无功配置，导线截面选择等方面进行节能分析。

从变电角度，要分析设备选型和站内建构筑物的节能措施。

从线路角度，应对线路架设方式选择、导线材质选择、导线分裂数和间距选择、节能金具选择等方面进行节能分析。

7.4　防灾减灾

防灾减灾部分要说明变电站、输电线路工程抗击灾害能力，包括分析洪涝灾害、地震灾害、风灾、冰灾、雷电等自然灾害，污染等环境灾害，泥石流、滑坡等不良地质灾害影响，并说明防灾减灾措施。

第八部分 规范可研协议办理

8.1 总体要求

根据《企业投资项目核准和备案管理条例》《国务院关于发布政府核准的投资项目目录（2016 年本）的通知》（国发〔2016〕72 号）、《山东省人民政府关于发布政府核准的投资项目目录（山东省 2017 年本）的通知》（鲁政发〔2017〕31 号）、《中华人民共和国城乡规划法》《中华人民共和国土地管理法》等法律法规、有关规定和可研内容深度规定的有关要求，输变电工程可行性研究报告应取得县级及以上的规划、国土等方面协议。视工程具体情况落实文物、矿业、军事、环保、交通航运、水利、海事、林业（畜牧）、通信、电力、油气管道、旅游、地震等主管部门的相关协议。

设计方案应符合国家环境保护和水土保持的相关法律法规要求。选择的站址、路径涉及自然保护区、世界文化和自然遗产地、风景名胜区、森林公园、地质公园、重要湿地、饮用水源保护区、生态红线等生态敏感区及文物保护单位时，应取得相应主管部门的协议文件。

8.2 变电站相关协议

应说明与相关单位收集资料和协商的情况，应包括规划、国土、林业、地矿、文物、环保、地震、水利（水电）、通信、文化、军事、航空、铁路、公路、供水、供电等部门。

规划、国土协议为必要协议。当站址位于矿产资源区、历史文物保护区、自然保护区、风景名胜区、饮用水水源保护地等敏感区域时，应同时取得相关行业主管部门的协议。推荐及比选站址均需取得相应的站址协议。

8.3 线路相关协议

应说明与相关单位收集资料和协商的情况，应包括规划、国土、林业、地矿、文物、环保、地震、水利（水电）、通信、文化、军事、航空、铁路、公路等部门；规划、国土协议为必要协议。当线路位于矿产资源区、历史文物保护区、自然保护区、风景名胜区、饮用水水源保护区等敏感区域时，应同时取得相关主管部门的协议。

线路经过成片林区时，宜采用高跨方案，在重冰区、山火易发区及限高区等特殊地段需要砍伐时应进行技术经济比较，明确砍伐范围。高跨时应明确树木自然生长高度，跨越苗圃、经济林时应取得相关协议。

对于大跨越选点及工程设想，应说明推荐跨越方案与沿线县市以上规划、国土、航道、水利、林业、自然保护区、风景区、水源地等或政府主要部门原则协议情况。

站外电源引接方案同样应取得相关路径协议。

8.4 规范性、时效性、完整性

可研报告所取得的协议要具有规范性、时效性、完整性。具体要求如下：

（1）应列表说明该工程站址及路径应取得的协议、实际已取得的协议，以及其他协议是否已认定无影响、不需取得。协议应分别在可行性研究报告中站址选择、路径选择部分用一览表的形式说明办理的情况，全部协议文件单独编辑成册。

（2）务必取得推荐及比选站址的站址协议，务必取得相关的路径协议；落实好站址、路径与矿产、文物、水利、生态等的相互影响。

（3）唯一站址、路径方案说明。对因地方规划等条件限制的唯一站址方案，应在报告中专门说明并附地方规划书面意见或相关书面证明；对因地方规划等条件限制的唯一路径方案，应在报告中专门说明并附地方规划书面意见或相关书面证明。

（4）工程对侧涉及用户站、电厂间隔扩建、改造工程的，应取得对侧用户、电厂同意扩建、改造间隔的函，该部分投资不计入输变电工程。

第九部分 专题专项说明及注意事项

随着输变电项目可研内容深度加深、管控力度增强，可研工作质量、效率均得到大幅提升。为进一步顺利推动可研工作开展，结合近期可研工作实际情况，应注意以下事项：

（1）可研方案（主要包括系统接入方案、工程规模、站址区域位置、线路路径、工程造价等）较规划设计一体化平台项目库方案发生重大变化，应说明原因并提供设计依据。

（2）严格甄别特殊项目，汇报时对特殊项目的类型及原因要做重点说明，例如：政府部门出具的要求变电站、线路下地的文件或走廊限制必须采用电缆、同塔多回架设、钢管杆的证明等。

（3）对重要输变电工程，应组织选站选线预评审，落实用地性质、土地条件、线路通道等重大技术原则，研判工程技术经济方案。

（4）新建工程应尽量满足最新通用设备、通用设计要求，扩建工程宜在不违反现有新技术、管理要求的前提下，参照执行。特殊项目应在可研报告中专题说明。

（5）设备、材料选择应尽量满足标准物料和固化ID物资要求。特殊项目对设备有特殊要求的，应在可研报告中专题说明。

（6）系统一次专业分析、计算时，针对尚未落地的相关工程应明确时序，必要时进行敏感性分析；结合电网规划、调度运行的接线及分区，对规划接线方案、比选方案进行潮流、短路全面分析，可提出优化建议。

（7）报告数据描述要规范，凡报告、附表中涉及占地、征地面积，采用公顷做单位时务必精确至小数点后四位；存在代征地时，在报告中、汇报时说明原因，提供支持性材料。

（8）设计应充分考虑与将来工程的衔接，避免或尽可能减少短期内先建后拆，以免造成浪费，例如在适当位置预留钻越点、铁塔设计考虑将来 π 接、改接的方便；还应尽量避免架空、电缆、架空、电缆等多次转换；电缆工程要明确电缆头防爆设施、防火隔板、防火涂料。

（9）可研报告中地质、水文资料要落实；变电站征地费用超过25万/亩需提供相关证据；若线路赔偿费用超过本体投资的30%或者单项赔偿费用超过1000万元，需提供相关证据。

（10）变电站选站、线路选线过程中涉及自然保护区、风景名胜区、生物多样性保护区域、湿地、生态红线等环境敏感点等，要提前落实好建设条件，必要时请环境评价部门提前介入，避免可研审定或批复后出现颠覆。

（11）可研过程中，变电站站址、线路路径是否压矿一定要做翔实的调研，压矿报告可在下一阶段进行编制、评审，但可研阶段要避免可研审定或批复后出现颠覆性，必要时在可研中留有压矿名目相关的费用。

（12）参照工程项目电网实物资产退役管理的指导意见等文件相关要求，可研报告中应有退役设备说明，主要说明该工程退役设备情况，设备类型包括变压器、断路器、GIS、隔离开关、电容器、电抗器、输电线路（要明确拆除部分起讫点塔号）、电力电缆、TA、TV 等。另外，在报告中的变电部分、线路部分具体说明相关设备的退役情况及原因。

（13）需重点关注事项：架空线路路径曲折系数超过 1.2 且路径长度超过 5km；电缆线路路径超过 2km，或电缆土建由电网出资（变电站进出线 200m 内除外）；C、D 类区域使用钢管杆或 A、B 类区域钢管杆比例超架空线路总长度 50%。

（14）停电过渡方案：涉及 220kV 及以上配电装置、线路停运，应在分析相关变电站是否有电源供电的基础上，增加对相关主变压器容量、网架的校核；若存在薄弱环节，应提出避免或降低安全风险的措施、实施时机；涉及 110、35、10kV 负荷转带的，应核实同电压等级及上级变电容量、线路是否满足要求。此外，还需注意以下事项：

1）负荷安排：停电过渡方案需明确施工时间周期。负荷一般按照该时段高峰负荷的 75%考虑，特殊情况可按照 70%考虑。建议明确施工时间范围，若施工时间为 5 月 1 日～10 月 1 日，架设架空线路时需考虑夏季温度系数 0.88。

2）故障校核范围：停电区域的一级断面上的 $N-1$ 和 $N-2$ 故障；重要断面上可能引发五级电网时间的故障。

3）校核要求：①停电检修方式下，周边电网应无过载情况；②停电检修方式下，发生 $N-1$ 故障，若周边电网存在过载问题，应提前考虑措施要求，如负荷转移、机组出力安排等；③停电检修方式下，发生 $N-2$ 故障，若周边电网存在过载问题，除应提前考虑②中的措施要求外，还可考虑临时加装安全自动装置。

4）稳定故障计算设置：①停电区域二级断面范围内若涉及电厂、直流等，需进行稳定计算校核；②稳定计算考虑三永 $N-1$ 和同杆异名相 $N-2$ 故障（可用三永 $N-2$ 替代）；③涉及线路的故障，需对线路两侧分别发生故障进行校核；④220kV 设备故障按照故障时间 120ms 考虑，500kV 设备故障按照故障时间 100ms 考虑。

5）稳定计算仿真要求：①无扰动校核要求，仿真时间大于 60s，该区域电网内发电机最大功角差波动不超过 $0.6°$，500kV 及以上母线最大电压标幺值偏差不超过 0.002，并最终趋于平稳仿真过程中，不应出现发电机励磁、调速越限告警，风电、光伏发电、SVC、直流等越限告警。②故障切除后，机组功角波动应基本平稳，阻尼比应大于 1%～1.5%。③故障切除后 2s 内，220kV 及以上母线电压标幺值恢复至 0.78 以上；10s 内，220kV 及以上母线电压标幺值恢复至 0.85；中长期 220kV 及以上母线电压标幺值恢复至 0.9 以上。

第十部分 投 资 估 算

工程投资估算应执行电力建设工程计价及营改增后相关文件的规定，并应具备与通用造价或限额指标对比分析的条件，确保工程投资的合规、合理、准确、有效。

10.1 编制说明

编制说明的概述部分包括：

（1）工程概况。应说明工程的设计依据、建设地点、建设性质、建设规模、交通运输等情况。

（2）工程资金来源。应说明融资方式、资本金比例、融资利率。

（3）建设场地情况。应说明建设场地面积、地震烈度、地基处理、地下水、需拆迁赔偿的地面建筑物、构筑物、植被情况等。

（4）施工条件。应说明施工水源、电源、通信及道路情况，相关过渡方案和安全措施。

（5）说明项目建设工期、工程静态投资额、工程动态投资额和单位工程造价。

（6）说明工程概况、工程资金来源、建设场地情况、施工条件、主要技术方案、估算编制依据等基本情况，且应与工程技术方案一致。

10.2 编制原则

（1）项目划分及取费标准执行《电网工程建设预算编制与计算标准（2013 年版)》。

（2）定额采用国家能源局《电力建设工程概算定额（2013 年版)》（共五册，分别为建筑工程、热力设备安装工程、电气设备安装工程、调试工程、通信工程)。

（3）定额人工费、材机调整系数执行《电力工程造价与定额管理总站关于发布 2013 版电力建设工程概预算定额 2019 年度价格水平调整的通知》（定额〔2020〕3 号)。

（4）装置性材料执行《电力建设工程装置性材料综合预算价格》《电力建设工程装置性材料预算价格》。

（5）设备、材料价格按照国网公司（省公司）近期招标价格结合设备厂家询价计列；地材价格按照当地近期信息价计列。

（6）工程量计算依据图纸、设备材料清册和相关专业所提资料，并结合有关规定标准计算统计。

（7）特殊项目费用按照应有技术方案和相关文件规定编制。

（8）建设场地征用及清理费用按照土地征用、拆迁赔偿所执行的相关政策文件、规定和各项费用的单价、数量计列；对于征地单价费用过高、大规模拆迁、高额单项赔偿，应做专题说明，必要时需取得与被拆迁单位的相关协议。

（9）资本金比例按 20%考虑，建设期贷款年名义利率为

4.9%，不考虑价差预备费。

（10）严格执行《国网基建部关于印发输变电工程多维立体参考价（2022 年版）的通知》（基建技经〔2022〕6 号）。对于造价水平高于对应标准价水平的工程，要分析原因；对于造价水平超过对应标准价水平 10%的工程，要增加方案技术经济比选专篇，说明方案的必要性和合理性。

10.3　投资附表

投资估算应包括但不限于以下内容：工程规模的简述、估算编制说明、总估算表（表一）、专业汇总估算表（表二）、单位工程估算表（表三）、其他费用计算表（表四）、工程概况及主要技术经济指标表（表五）、建设场地征用及清理费用估算表（表七）、编制基准期价差计算表及勘察设计费计算表等。

第十一部分 图　　纸

图纸要求图面清晰，并根据不同图纸调整出图比例。一般情况下应提供的设计图纸及图纸深度要求如下：

（1）现状电网地理接线图。应表示与该变电站相关地区现有电网的连接方式，线路走向和长度。

（2）工程投产年电网地理接线图。应表示与该变电站相关地区在本期工程接入系统后电网的连接方式，线路走向和长度。

（3）远景年电网规划图。应表示与该变电站相关地区规划电网的连接方式，线路走向和长度。

（4）光缆路由现状图。应示意变电站投产前所在地理位置有关的光缆网络现状。

（5）本期光缆建设方案图。应示意变电站投产后，变电站接入系统的光缆建设方案。

（6）光缆路由规划图。应表示与该变电站相关地区的规划光缆建设方案。

（7）光传输网现状图。应示意变电站投产前所在地理位置有关的光传输网现状。

（8）本期光传输网建设方案图。应示意变电站投产后，变电站接入系统的光传输电路建设方案。

（9）光传输网规划图。应表示与该变电站相关地区的规划光传输电路建设方案。

（10）导引光缆敷设图。应在站区总平面图的基础上绘制光缆敷设图，包括引入光缆型式、敷设路径及方式等；还应明确光缆敷设要求。

（11）变电站地理位置图。变电站地理位置图比例应为1:50000～1:100000。应表示与该工程设计方案有关的规划电厂、变电站和线路等，重点示意该变电站所处的地理位置及变电站出线走廊。必要时可增加变电站位置规划图，重点示意与周边社区村镇、建筑物、道路、铁路、河流等的相对位置关系，尽量按比例画出站址长宽及与周边基准点、敏感点的相对位置。

（12）站区总体规划图。应表示站址位置与城镇的相对位置关系、进站道路及引接点、进出线走廊规划、取排水点和给排水管线，对改造或还建道路、沟渠等设施的规划方案图。应表示站址范围内已有地物及需拆除的地物；测量坐标网，坐标值，场地范围的控制点测量坐标，站区围墙控制点坐标；指北针或风玫瑰图；进站道路及站区征地范围，规划容量的站区用地范围，本期工程的征地面积指标表。应表示站区范围内测量坐标网、坐标值，一般采用 1:1000～1:2000 比例绘制。

（13）总平面及竖向布置图。应表示站区范围内测量坐标网，坐标值，站区围墙控制点坐标；进站道路及站区征地范围；规划容量的站区用地范围，分期建设的建（构）筑物；主要建筑物及构筑物的位置、名称、层数、间距，标注其定位坐标（或定位尺寸）；站区场地设计地面标高，主要生产建筑室内地坪的设计标高；站内道路的布置、连接及控制点坐标（或定位尺寸）；电缆沟的布置。挡土墙、护坡等设施的布置；指北针或风玫瑰图；主要技术经济指标表、图例和站区建构筑物一览表（表明建构筑物名称，分期建设项目，占地面积）；说明栏内注写：尺寸单位、比例、地形图的测绘单位、日期，坐标及高程系统名称（如为场地建筑坐标网时，应说明其与测量坐标网的换算关系），补充图例及其他必要的说明等。场地四邻的道路、地面、水面，及其控制点标高；保留的地形、地物；建筑物、构筑物的名称（或编号）、主要建筑物和构筑物的室内外地面设计标高；主要道路的起点、变坡点、转折点和终点的设计标高，以及场地的控制性标高；用箭头或等高线表示地面坡向，并表示出护坡、挡土墙、排水沟等竖向布置复杂的工程，总平面布置图和竖向布置图可分开绘制，一般采用 1:500～1:1000 比例绘制。

（14）土方平衡图。10m×10m 或 20m×20m 方格网及其定位，各方格点的原地面标高、设计标高、填挖高度，填区和挖区的分界线，各方格土方量、总土方量及工程量表（土方平衡表）。

（15）建筑平面布置图［全（半）地下变电站提供］。图纸应示意设备及辅助用房、楼梯间、吊装孔、通风井等布置，分层的建筑面积等。

（16）电气主接线图。表明本期、远期电气接线，对该工程及预留扩建加以区别。

（17）总平面布置图（含电气总平面）。应有 2 个电气总平面布置图对比，应反映本期及远期平面布置（改、扩建工程还应反映现状）。现状、本期及远期预留部分应加以区分。应表明主要电气设备、站区建（构）筑物、光缆电缆设施及道路等的布置。应表示各级电压配电装置的间隔配置及进出线（包括电缆）排列。母线和出线宜标注相序，同名双回线路应核对两端对应的间隔编号顺序。应表明方位、标注位置尺寸，并附必要的说明及图例。

（18）各级电压配电装置平断面图。应表示配电装置的布置（包括设备、构架、母线等各设施的安装布置，以及导线引接方式）。平面布置图应表示进出线（包括进出线高压电抗器）排列及间隔配置；表示通道、走廊等设施。高型配电装置应分层表示。断面图应按不同类型间隔出图，并表明设备安装位置、尺寸、标高、导线引接方式、电气距离校验等（常规配电装置可只出代表性断面），宜表示本间隔的接线示意。

（19）主变压器平断面布置图（必要时）。应表示主变压器布置及外形（包括主变压器冷却器），并示出防火隔墙位置。主变压器有备用相时应一并表示。应表示主变压器各电压侧回路引接方式和主要电气设备的布置，包括主变压器中性点回路、电气距离校验。宜表示各侧的接线示意图。

（20）站用电接线图。应表示站用工作及备用电源的引接方式。应表示站用母线的接线方式。标注开关柜型式、回路名称、主要设备及元件规范等。

（21）站外电源进线侧设备平断面图（必要时）。应表示外引电源站内部分设备的布置（包括设备、构架等各设施的安装布置，以及外接入的电缆或架空线的引接方式）。站用变压器采用户外布置且靠近该区域时一并表示在此图中，否则考虑单独出图。

（22）站用电室平面布置图。应表示站用开关柜、分段、母线桥的布置及尺寸。应表示室内通道（包括维护和操作通道）、出入口位置等，并标注有关尺寸。当站用变压器布置在站用变压器室内时，应表示其布置位置及相应尺寸。

（23）全站直击雷保护范围图。应表示需要进行保护的电气设备、建构筑物的平面布置，并标注其高度。应表示避雷针（线）的布置位置，并标注其高度。应绘出对不同保护高度的保护范围。应将保护范围计算结果列表于图中。

（24）系统继电保护配置图。按推荐的电气主接线方案示意线路、母线、断路器等保护设备配置方案，含保护配置原理及主要保护方式、电流互感器、电压互感器接线方式等。

（25）变电站自动化系统方案图。应表明变电站自动化系统的站控层设备（含监控主机、通信网关机等）、间隔层设备（含保护装置、测控装置、安全自动装置等）、过程层设备（含合并单元、智能终端）和设备之间网络连接的结构示意图，与保护、监控、电能量等其他外部系统的接口及二次安全防护设备，与一次设备状态监测、智能辅助控制等站内其他系统的接口及二次安全防护设备，打印机、显示器等设备的配置。

（26）主变压器保护配置图。应表明主变压器的保护配置原理及主要保护方式、主要设备名称、电流互感器接线方式等。

（27）直流及交流不停电电源系统接线图。应表示直流及交流不停电电源所涵盖设备的参数、数量及接线方式等。

（28）二次设备室屏位布置图。应表示站内各二次设备室（如主控室、各继电小室、直流电源室、蓄电池室、通信设备室等）屏柜布置位置、间距、通道要求等。屏位应标明本期、远景、预留位置用途及数量，部分二次设备室可合并出图。

（29）线路路径方案图。应在不低于 1:100000 精度地形图上表示路径，并注明气象条件、环境控制点等重点情况。

（30）大跨越路径方案图。应对重点情况加以说明。

（31）大跨越平断面图。应注明洪水位高程、通航桅杆高度、重要跨越物高程、跨越线与控制点的净空高度、河流方向等基本参数。

（32）杆塔和基础型式图。应表明线路使用的主要杆塔和基础型式。

（33）绝缘子金具串型一览图。应包含导线、跳线、地线绝缘金具主要串型等金具，并注明金具名称、强度等基本参数。

参 考 文 献

[1] 国家市场监督管理总局，国家标准化管理委员会. 电力系统安全稳定导则：GB 38755—2019 [S]. 北京：中国标准出版社，2019：12.

[2] 国家电网公司. 220kV 及 110（66）kV 输变电工程可行性研究内容深度规定：Q/GDW 270—2009 [S].

[3] 国家能源局. 220kV～750kV 变电站设计技术规程：DL/T 5218—2012 [S]. 北京：中国计划出版社，2012：11.

[4] 国家能源局. 电力系统设计技术规程：DL/T 5429—2009 [S]. 北京：中国电力出版社，2009：12.

[5] 国家能源局. 电力工程直流电源系统设计技术规程：DL/T 5044—2014 [S]. 北京：中国电力出版社，2015：3.

[6] 国家能源局. 导体和电器选择设计规程：DL/T 5222—2021 [S]. 北京：中国计划出版社，2022：6.

[7] 中华人民共和国国家发展和改革委员会. 变电站总布置设计技术规程：DL/T 5056—2007 [S]. 北京：中国电力出版社，2008：6.

[8] 国家能源局. 高压配电装置技术规程：DL/T 5352—2018 [S]. 北京：中国计划出版社，2018：7.

[9] 中华人民共和国国家市场监督管理总局，中国国家标准化管理委员会. 电力变压器选用导则：GB/T 17468—2019 [S]. 北京：中国标准出版社，2019：11.

［10］中华人民共和国住房和城乡建设部．交流电气装置的接地设计规范：GB/T 50065—2011［S］．北京：中国标准出版社，2012：6.

［11］住房和城乡建设部．并联电容器装置设计规范：GB 50227—2017［S］．北京：中国计划出版社，2017：11.

［12］中华人民共和国住房和城乡建设部．电力装置的继电保护和自动装置设计规范：GB/T 50062—2008［S］．北京：中国电力出版社，2009：6.

［13］住房和城乡建设部、质量监督检验检疫总局．交流电气装置的过电压保护和绝缘配合设计规范：GB/T 50064—2014［S］．北京：中国计划出版社，2014：12.

［14］中华人民共和国国家质量监督检验检疫总局、中国国家标准化管理委员会．继电保护和安全自动装置技术规程：GB/T 14285—2006［S］．北京：中国标准出版社，2006：11.

［15］国家能源局．电力系统调度自动化设计规程：DL/T 5003—2017［S］．北京：中国计划出版社，2017：12.

［16］国家能源局．智能变电站一体化监控系统功能规范：DL/T 1403—2015［S］．北京：中国电力出版社，2015：9.

［17］国家能源局．变电所建筑结构设计技术规定：DL/T 5457—2012［S］．北京：中国计划出版社，2012：8.

［18］住房和城乡建设部．110kV～750kV 架空输电线路设计规范：GB 50545—2010［S］．北京：中国计划出版社，2010：1.

［19］国家能源局．架空输电线路荷载规范：DL/T 5551—2018［S］．北京：中国计划出版社，2018：12.

[20] 国家能源局. 架空输电线路杆塔结构设计技术规程：DL/T 5486—2020 [S]. 北京：中国计划出版社，2020：10.

[21] 国家能源局. 架空输电线路基础设计技术规程：DL/T 5219—2014 [S]. 北京：中国计划出版社，2014：10.

[22] 国家电网公司. 电力系统污区分级与外绝缘选择标准：Q/GDW 1152.1—2014 [S].

[23] 住房和城乡建设部、国家质量监督检验检疫总局. 电力工程电缆设计标准：GB 50217—2018 [S]. 北京：中国计划出版社，2018：8.

[24] 国家能源局. 城市电力电缆线路设计技术规定：DL/T 5221—2016 [S]. 北京：中国计划出版社，2016：8.

[25] 中华人民共和国住房和城乡建设部. 火力发电厂与变电站设计防火标准：GB 50229—2019 [S]. 北京：中国计划出版社，2019：2.

[26] 住房和城乡建设部. 通信电源设备安装工程设计规范：GB 51194—2016 [S]. 北京：中国计划出版社，2016：8.

[27] 国家能源局. 电力通信超长站距光传输工程设计技术规范：DL/T 5734—2016 [S]. 北京：中国计划出版社，2016：2.

[28] 国家能源局. 火力发电厂、变电所二次接线设计技术规程：DL/T 5136—2012 [S]. 北京：中国计划出版社，2012：11.

[29] 国家电网公司. 变压器、高压并联电抗器和母线保护及辅助装置标准化设计规范：Q/GDW 1175—2013 [S].

[30] 国家电网公司. 智能变电站技术导则：Q/GDW 383—2013 [S].

[31] 国家电网公司. 高压设备智能化技术导则：Q/GDWZ 410—2010 [S].

[32] 国家电网公司. 电力通信网规划设计技术导则：Q/GDW 11358—2019
[S].

[33] 国家电网公司. 电力系统无功补偿技术导则：Q/GDW 10212—2019
[S].